Das Auto perfekt beherrschen
Theo Gerstl, Egbert Schwartz

Theo Gerstl, Egbert Schwartz

Das Auto perfekt beherrschen

Unser komplettes Programm:

www.geramond.de

Produktmanagement: Martin Distler
Schlusskorrektur: Anette Späth
Satz: Elke Mader
Repro: Cromika s.a.s., Verona
Umschlaggestaltung: Artesmedia
Herstellung: Thomas Fischer
Printed in Italy by Printer Trento S. r. l.

Alle Angaben dieses Werkes wurden von den Autoren sorgfältig recherchiert und auf den aktuellen Stand gebracht sowie vom Verlag geprüft. Für die Richtigkeit der Angaben kann jedoch keine Haftung übernommen werden.
Für Hinweise und Anregungen sind wir jederzeit dankbar. Bitte richten Sie diese an:
GeraMond Verlag
Lektorat
Postfach 40 02 09
D-80702 München
E-Mail: lektorat@geramond.de

Die Deutsche Nationalbibliothek –
CIP-Einheitsaufnahme
Ein Titeldatensatz für diese Publikation ist bei der Deutschen Nationalbibliothek erhältlich.

Über die Autoren:

Ein rundes halbes Jahrhundert Erfahrung im Motorjournalismus bringt das Autoren-Team Theo Gerstl und Egbert Schwartz in dieses Buch ein.

In dieser Zeitspanne durften sie das Fahrkönnen von Formel-1-Größen wie Jackie Stewart und Jonathan Palmer ebenso auf dem Beifahrersitz erleben wie die atemberaubenden Fahrkünste der Rallye-Legende Walter Röhrl.

Was sie von den großen Meistern hinter dem Lenkrad gelernt und teils aus eigenen Erfahrungen im Motorsport mitgebracht haben, ist der Grundstein für „Das Auto perfekt beherrschen".

Das didaktische Know-how steuert Frank Isenberg, Leiter des BMW Fahrer-Trainings zu diesem Werk bei.

Das Auto perfekt beherrschen

Das beste Auto kann nur so gut sein, wie sein Fahrer. Und da haben alle, die am Steuer sitzen, einiges aufzuholen: Im gleichen Maß, in dem die Autos immer leistungsfähiger werden, muss sich auch der Mensch in seiner Leistungsfähigkeit steigern.

Denn der Fahrer birgt nun mal das größte Fehlerpotenzial im täglichen Straßenverkehr: Fahrfehler sind noch immer die Unfallursache Nummer 1. In den entsprechenden Statistiken finden sich hierzu erschreckende Zahlen: An rund 95 Prozent aller Unfälle hat der Fahrer Schuld, ist also menschliches Versagen die Ursache, wenn es kracht.

Ganz gleich, ob Sie ein sicherheitsorientierter Autofahrer sind oder sich als sportlicher Pilot fühlen: Dieses Buch soll Ihnen helfen, typische Verkehrssituationen entspannt zu meistern und in überraschenden Gefahrenmomenten ebenso souverän wie richtig zu reagieren. Es soll Ihnen aber auch die Basis vermitteln, um mit dem nötigen Selbstvertrauen noch mehr Fahrfreude zu erleben. Kurzum: Sie sollen lernen, Ihr Auto perfekt zu beherrschen.

Um dieses hoch gesteckte Ziel zu erreichen, kommen in diesem Buch erfahrene Instruktoren von BMW Fahrer-Training mit all Ihrem Wissen ausführlich zu Wort.

Auch beim Autofahren gilt die Regel: Man soll nie aufhören dazuzulernen – zum Wohl der eigenen Sicherheit!

Inhalt

Alles im Lot?

Die Unfallzahlen sinken

Die Unfallzahlen auf Deutschlands Straßen sind in den vergangenen Jahren deutlich zurückgegangen. Noch erfreulicher ist, dass die Zahl der Verkehrsopfer dabei überproportional gesunken ist: Mussten wir in den schlimmsten Jahren im Schnitt noch über 20.000 Verkehrsopfer in Deutschland beklagen, hat sich diese Zahl im Jahr 2007 auf weniger als 6.000 Personen reduziert.

Grund genug, sich entspannt zurückzulehnen und auf eine weitere positive Entwicklung in diesem Segment zu hoffen? Ist also einfach alles im Lot? „Nein!", sagen viele Experten, wie beispielsweise Prof. Dr.-Ing. Hartmut Marwitz, ehemaliger Entwicklungschef bei Mercedes-Benz LKW: „Bis zum Jahr 2006 fiel die Zahl der Verkehrstoten etwa jeweils um fünf Prozent gegenüber dem Vorjahr und erreichte damals den bislang niedrigsten Wert (5.091 Personen). Leider müssen wir nun aber feststellen, dass dieser Trend im Jahr 2007 nicht anhielt. Bis zum August 2007 erreichte Deutschland die Zahl von 3.406 Personen, die im Straßenverkehr getötet wurden. Dies sind 136 Getötete (also vier Prozent) mehr als im Vergleichszeitraum des letzten Jahres", mahnte er anlässlich des „Verkehrssicherheitskongresses" im November 2007.

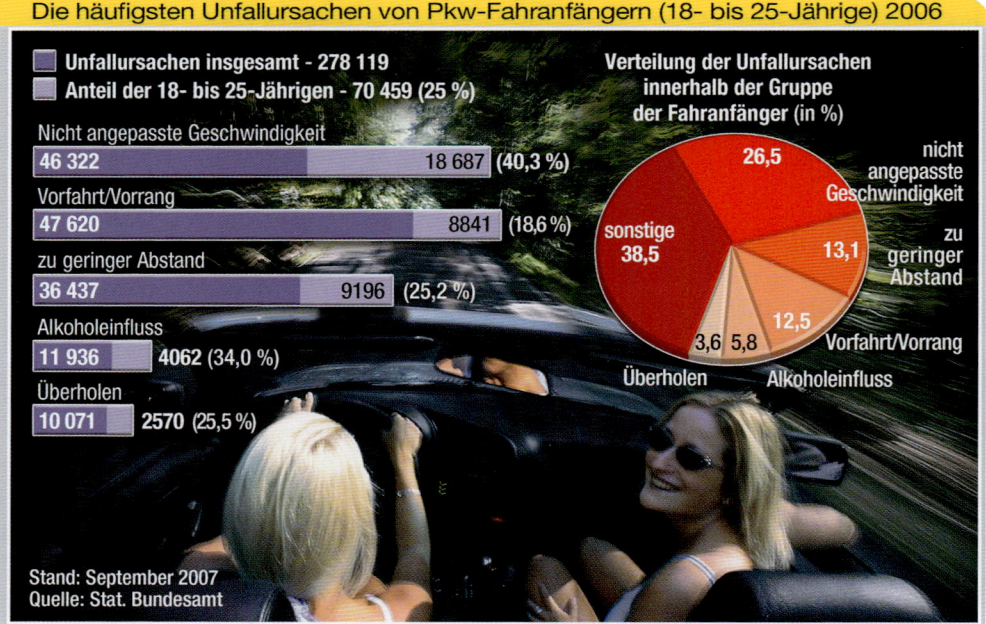

Die häufigsten Unfallursachen von Pkw-Fahranfängern (18- bis 25-Jährige) 2006

Unfallursachen insgesamt - 278 119
Anteil der 18- bis 25-Jährigen - 70 459 (25 %)

Verteilung der Unfallursachen innerhalb der Gruppe der Fahranfänger (in %)

Nicht angepasste Geschwindigkeit
46 322 — 18 687 (40,3 %)
Vorfahrt/Vorrang
47 620 — 8841 (18,6 %)
zu geringer Abstand
36 437 — 9196 (25,2 %)
Alkoholeinfluss
11 936 — 4062 (34,0 %)
Überholen
10 071 — 2570 (25,5 %)

nicht angepasste Geschwindigkeit 26,5
zu geringer Abstand 13,1
Vorfahrt/Vorrang 12,5
Alkoholeinfluss 5,8
Überholen 3,6
sonstige 38,5

Stand: September 2007
Quelle: Stat. Bundesamt

Unfallursache Nummer eins: menschliches Versagen

Das sind abstrakte Zahlen – Prozentpunkte in den Statistiken. Interessant vielleicht für Wissenschaftler, aber weitestgehend inhaltslos für den normalen Autofahrer. Viel griffiger weiß Dr. Klaus Draeger, Mitglied des Vorstands der BMW AG, die aktuelle Verkehrssituation auf den Punkt zu bringen: „Untersuchungen zeigen, dass jeder Mensch während seines Autofahrerlebens durchschnittlich in neun Unfälle verwickelt ist. Alle fünf Jahre ist er an einem Unfall beteiligt, alle neun Jahre verursacht er einen Unfall selbst. Und: Etwa 95 Prozent der Unfälle haben menschliches Versagen als Ursache."

Nahezu jeder Unfall ist also dem Menschen und seinen Unzulänglichkeiten zuzuschreiben. Dennoch hat sich die Anzahl der Unfälle auf einem geringen Niveau eingependelt, und es haben auch die Unfallfolgen überproportional abgenommen. Woran liegt's?

Die Autos werden immer sicherer

Seit Ende der 70er-Jahre erleichtern moderne Assistenzsysteme dem Fahrer den Umgang mit seinem Auto. 1979 begann der Siegeszug des ABS, das heute aus kaum einem Neuwagen mehr wegzudenken ist – und von da an ging es Schlag auf Schlag: Stabilitätsprogramme halten das Fahrzeug heute selbst in kritischen Situationen auf Kurs, Warnleuchten informieren beim Spurwechsel über andere Fahrzeuge, die sich im „Toten Winkel" befinden, und Radarsysteme an der Fahrzeugfront verhindern, dass der Mindestabstand zum Vordermann versehentlich unterschritten wird. Ein Ende dieses technischen Aufrüstens zur Erhöhung der Fahrsicherheit ist nicht in Sicht, und so müssten die Unfallzahlen eigentlich noch weiter sinken.

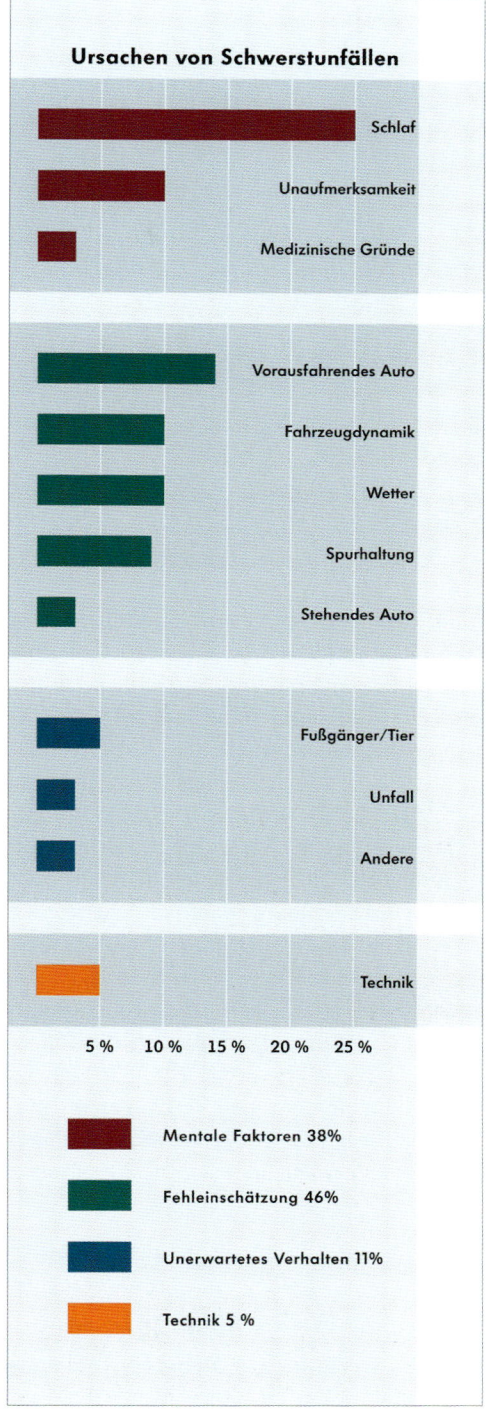

Ursachen von Schwerstunfällen

Schlaf
Unaufmerksamkeit
Medizinische Gründe

Vorausfahrendes Auto
Fahrzeugdynamik
Wetter
Spurhaltung
Stehendes Auto

Fußgänger/Tier
Unfall
Andere

Technik

5 %   10 %   15 %   20 %   25 %

Mentale Faktoren 38%

Fehleinschätzung 46%

Unerwartetes Verhalten 11%

Technik 5 %

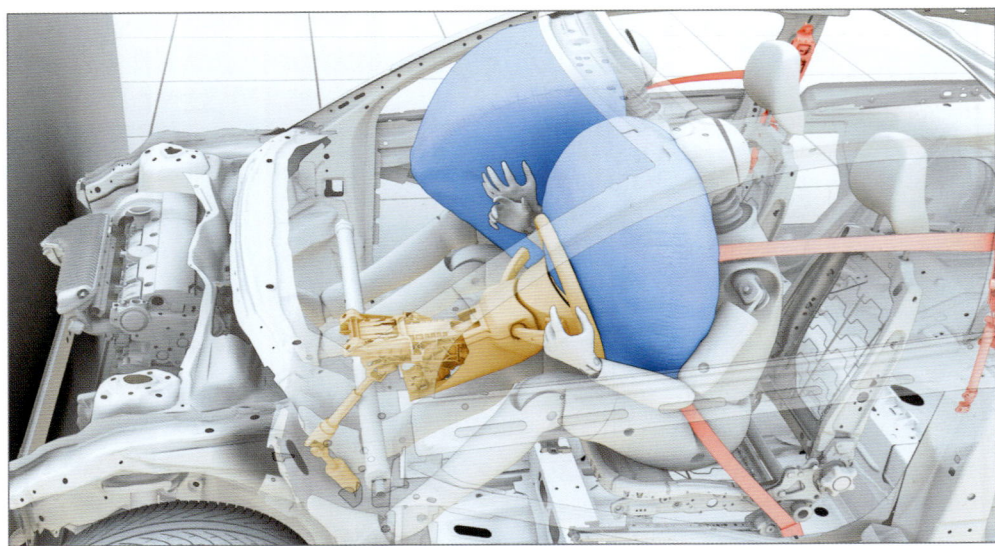

Vom Sicherheitsgurt über die Kopfstützen bis hin zum Airbag kümmert sich eine Vielzahl von Systemen um die Sicherheit.

Auch die Insassensicherheit wurde in den letzten Jahrzehnten revolutioniert. Vor über einem halben Jahrhundert entwickelte der Mercedes-Ingenieur Béla Barényi die sogenannte Knautschzone als Energie absorbierende Struktur vor der steifen Fahrgastzelle. Ende der 60er-Jahre folgte der Dreipunkt-Sicherheitsgurt, der in den 70ern durch serienmäßige Kopfstützen in seiner Wirkung optimiert wurde. Heute reagieren die Kopfstützen „crashaktiv" bei einem Heckaufprall, die Gurte werden pyrotechnisch gestrafft und gleichzeitig in ihrer Kraft begrenzt. Darüber hinaus mildert eine Vielzahl von Airbags die Unfallfolgen. Die deutliche Reduzierung der schweren Verletzungen in den vergangenen Jahrzehnten ist der überzeugende Beweis für den Erfolg der Ingenieure.

Leistungsgesteigerte Gurtstraffer (Rohr oben im Bild) sorgen dafür, dass der Insasse bei einem Frontalcrash noch früher aufgefangen wird.

Der Mensch als Risikofaktor

So weit zumindest die Theorie; doch die beste Technik ist wirkungslos, wenn der Fahrer sie nicht versteht und so zum schwächsten Glied

in der Kette wird. Es klingt banal, doch bereits beim Einstellen der richtigen Sitzposition beginnt die Problematik. Sie glauben es nicht? Dann schauen Sie doch mal in die Autos, die neben Ihnen an der Kreuzung stehen: Vom verkrampften Kauern hinter dem Lenkrad bis

Rund 95 Prozent aller Unfälle haben menschliches Versagen als Ursache, sind also dem Fahrer anzulasten.

hin zur „It's cool man"-Lümmel-Liegeposition werden sie jede nur denkbare (Ab-)Art an Fahrer-Sitzpositionen beobachten.

Sie selbst sind da natürlich ganz anders – ich ja auch! Aber seien wir doch mal ehrlich: Stellen wir nach jedem Fahrerwechsel nicht nur den Sitz wieder auf die eigene Körpergröße ein, sondern tatsächlich auch die Höhe der Kopfstützen ...? Naja, solche Kleinigkeiten vergisst man schnell einmal. Genauso, wie den regelmäßigen Check des Reifendrucks – ist ja alles ein bisschen lästig und außerdem: Was machen schon ein paar Zentimeter aus, die die Kopfstütze weiter oben oder unten ist, was soll's schon, wenn der Reifendruck ein paar Zehntel höher oder niedriger ist ...

Zu diesen allzu menschlichen Nachlässigkeiten addiert sich noch die Komplexität der modernen Fahrzeugtechnik. Wer diese nicht versteht, weiß ABS, ESP und Co. nicht richtig einzusetzen und verschenkt damit alle Sicherheitsvorteile, die ihm diese Systeme bieten. Was gleichzeitig aber auch einen Verzicht auf Fahrfreude bedeutet.

Und genau hier setzt dieses Buch an: Sicherheit und die viel zitierte „Freude am Fahren" sind kein Widerspruch. Wer die fahrphysikalischen Zusammenhänge kennt und weiß, was sein Fahrzeug und die darin integrierten Systeme können (oder wo ihre Grenzen sind), der wird mit mehr Souveränität und Sicherheitsreserven im Straßenverkehr agieren.

Vor dem Fahren

Technik-Check

Hineinsetzen, sich wohl fühlen, losfahren – und unterwegs dann plötzlich feststellen, dass ein Scheinwerfer nicht funktioniert, das Auto irgendwie nach links zieht, die Ölkontroll-Lampe leuchtet ... Besser wäre es doch, einen kurzen Gesundheitscheck am Fahrzeug zu machen bevor man startet. Der sollte mit der Zeit so selbstverständlich werden wie das morgendliche Zähneputzen, und er kostet auch nur ein paar Minuten. Manche Checks sind nicht täglich, sondern eher im Wochenturnus nötig. Sinn und Zweck der Aktion: Das Auto soll uns zuverlässig und vor allem sicher ans Ziel bringen.

Ein Rundum-Kontrollgang

Wir beginnen mit einem Rundgang um unseren fahrbaren Untersatz und werfen dabei einen Blick auf alle fünf Reifen. Fünf? Ja, auch auf den Reservereifen im Kofferraum. Ist bei allen offensichtlich genug Luft drin, schaut keiner verdächtig nach einem schleichenden Plattfuß aus? Gewissheit schafft letztlich nur der Check entweder mittels eines kleinen Luftdruckmessgeräts oder an der Tankstelle. Den Reifendruck sollte man mindestens alle vier Wochen prüfen. Auch ein Blick auf die Reifenflanken sollte zur Routine werden: Sind sie glatt, ohne Risse und sichtbare Schäden? Ist die Profiltiefe der Reifen wirklich noch ausreichend? Im Zweifelsfall nehmen Sie dazu ein kleines Messgerät zur Hand (gibt's im Zubehörhandel für ein paar Euro): Der Gesetzgeber schreibt ein Mindestmaß von 1,6 Millimetern vor. Experten raten, die Sommerreifen bereits ab zwei, die Winterreifen ab vier Millimetern Restprofil gegen neue zu tauschen. Gemessen wird übrigens im mittleren Bereich der Lauffläche, dem Hauptprofil.

Kontrollieren Sie alle Flüssigkeitsstände, bevor Sie starten. Das ist vor allem im Winter wichtig.

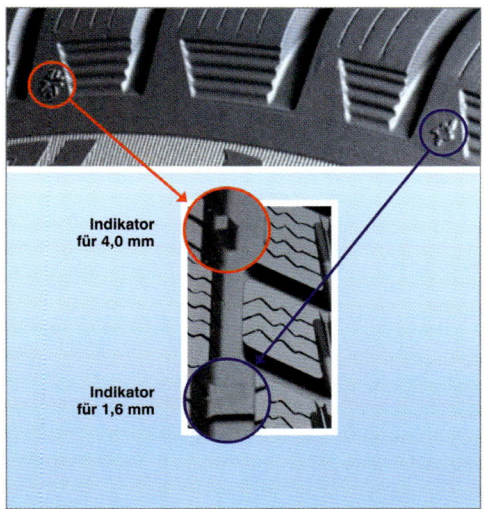

Die Profiltiefe der Reifen lässt sich recht gut anhand von kleinen Indikatoren zwischen den Lamellen feststellen.

Ein paar kleine Handgriffe

Als Nächstes stecken Sie Ihren Kopf unter die Motorhaube: Richten Sie Ihr Augenmerk auf die Flüssigkeitsstände im Ausgleichsbehälter der Kühlanlage, der Scheibenwaschanlage, der Bremsanlage, der Servolenkung und kontrollieren Sie den Stand des Motoröls gemäß Bedienungsanleitung. Dass Sie Kühlflüssigkeit, Scheibenwasser und Motoröl nachfüllen, ist eigentlich selbstverständlich. Liegen Bremsflüssigkeit und das Hydrauliköl der Servolenkung verdächtig nah an der Mindestmarke, könnte das auf eine undichte Stelle im System oder verschlissene Bremsbeläge deuten. Dann ab in die Werkstatt!

Es werde Licht ...

Unproblematischer ist in der Regel ein kaputtes Birnchen an der Beleuchtungsanlage: Das kann jeder halbwegs geschickte Autobesitzer selbst austauschen. Dazu ist natürlich erst einmal ein Check nötig. Also: Abblendlicht (und später Fernlicht) sowie Nebellampen einschalten und einmal kurz um das Auto herumgehen. „Brennen" alle Birnchen? Die

Kontrolle der Fahrtrichtungsanzeiger – vulgo Blinker – und der Warnblinkanlage ist recht einfach: Entweder man lässt den eventuell vorhandenen Beifahrer einmal um das Fahrzeug kreisen und nachsehen, macht das selbst oder verlässt sich auf die entsprechende Kontrolllampe im Cockpit: Leuchtet sie beim Betätigen des Blinkers regelmäßig auf, ist alles in Ordnung. Eine hektische Frequenz dagegen zeigt in der Regel an, dass eines der Blinkerbirnchen defekt ist.

Etwas umständlicher gestaltet sich der Check des Bremslichts: Haben Sie keinen Beifahrer oder einen freundlichen Passanten zur Hand, rangieren Sie Ihren Wagen vor eine reflektierende Fläche (zum Beispiel Schaufensterscheibe) und treten dann aufs Bremspedal. Beim Blick in den Rückspiegel sollte es an beiden Heckleuchten deutlich grell aufflammen. Zuvor haben Sie noch schnell

Die Funktion der Rücklichter und Blinker sollte vor Fahrtantritt geprüft werden.

Wichtig vor dem Start ist die Funktionsprüfung und richtige Einstellung aller Scheinwerfer.

Die Funktion der Bremslichter lässt sich am besten mit einem „zweiten Mann" prüfen.

Mit verschmutzten Scheiben wird die Fahrt zum gefährlichen Blindflug. Also vorher gründlich reinigen!

einen Blick auf die Gummis der Scheibenwischer geworfen: Ist das Material eventuell porös, gar rissig oder noch „schön" glatt? Sollte Ersteres der Fall sein, gibt es beim Wischen bald Schlieren auf der Windschutzscheibe. Der zunehmende Effekt: Sie sehen die Straße und den Verkehr wie durch eine schlecht geputzte Brille. So wird die Fahrt bald zum Blindflug. Da kann das erste Ziel nur die nächste Tankstelle oder ein Zubehörladen beziehungsweise auch der nächstbeste Supermarkt sein, der passende Wischerblätter im Sortiment führt.

Und wo wir gerade bei der Kontrolle der Wischer sind: Betätigen Sie doch gleich auch die Wisch-Waschanlage und testen Sie, ob die Zuleitungen und kleinen Düsen frei sind. Das ist vor allem im Herbst und Winter wichtig. Die Lenkung hat das normale Spiel? Der Bremsdruck fühlt sich fest genug an, die Schaltung hakelt nicht ungewöhnlich?

Fein, dann steht dem Start ja nichts mehr entgegen. Gute Fahrt!

Checkliste: Bevor es losgeht, sollten Sie folgendes prüfen

Reifen:	Luftdruck, Zustand (rissig, porös?), Profiltiefe
Motorraum:	Kühlflüssigkeit, Wasser in der Scheibenwaschanlage, Öl (Kontrolle per Peilstab), Bremsflüssigkeit, Hydrauliköl der Servolenkung
Beleuchtung:	Abblendlicht, Fernlicht, Nebelscheinwerfer, Rücklichter, Nebelschlussleuchte, Bremslichter, Blinker vorne und hinten, Warnblinkanlage
Funktionen:	Scheibenwischer (rissig, porös?), Scheibenwaschanlage, Lenkungsspiel, Bremsdruck
Karosserie:	Scheiben und Außenspiegel (verschmutzt?)

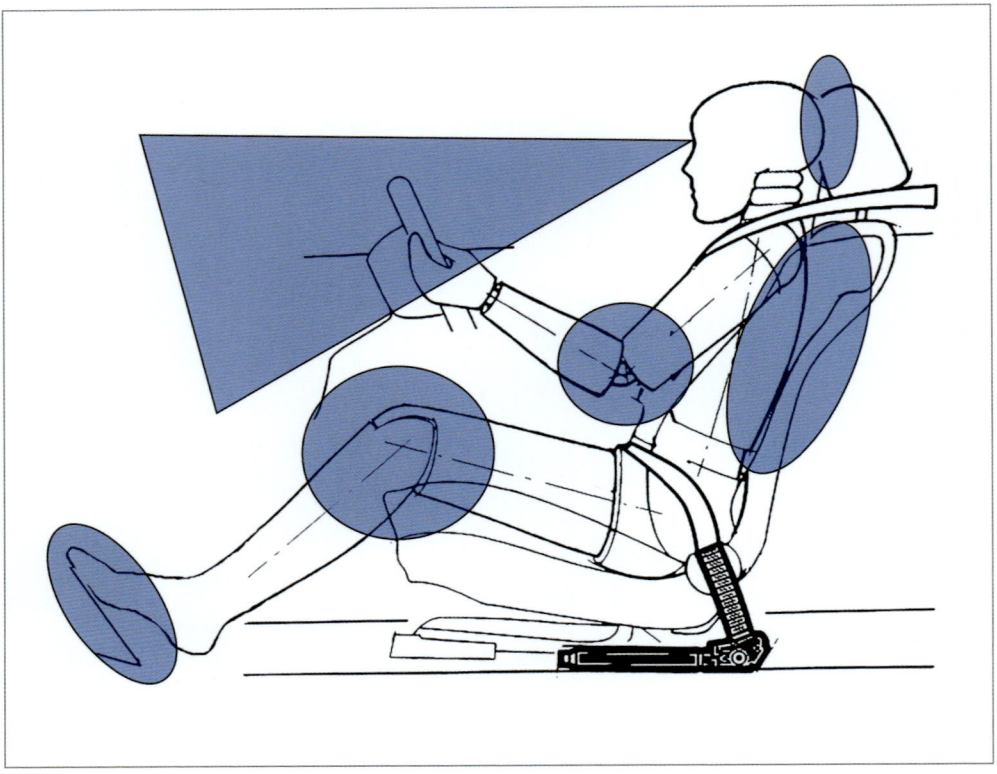

Um das Auto gut im Griff zu haben, ist eine korrekte Sitzposition wichtig. Hier muss sowohl der Abstand zum Lenkrad als auch zu den Pedalen stimmen. Achten Sie dabei auf einen richtigen Winkel von Knien und Ellenbogen.

Vom richtigen Sitzen

Eine korrekte Sitzposition und die optimale Haltung zum beziehungsweise am Lenkrad sind wesentliche Einflussfaktoren, um sein Fahrzeug souverän zu beherrschen. Sie erleichtern die Kommunikation zwischen Fahrer und Automobil: Über die Nerven in Händen und „Popometer" können Sie die Reaktionen Ihres fahrbaren Untersatzes unmittelbar erspüren und fühlen.

Bei der Frage nach der optimalen Fahr-Sitzposition beginnen wir zunächst mal mit zwei extremen Negativbeispielen: Sie sollten weder lümmelig-lässig liegend mit dem Ellenbogen auf der Mittelkonsole und dabei einer

Hand locker auf dem Lenkradkranz sitzen, noch kerzengerade aufrecht und möglichst dicht am Steuer. Denn diese beiden gegensätzlichen Sitzpositionen erschweren nicht nur den Dialog mit dem Auto, sondern bergen auch je ein Sicherheitsrisiko: Liegt man quasi auf dem Sitz, besteht die Gefahr, bei einem Crash unter dem Sicherheitsgurt durchzurutschen. Sitzt man zu nah am Lenkrad, kann der sich explosionsartig entfaltende Airbag bei einem Unfall den Brustkorb eindrücken.

Logische Schlussfolgerung: Wir positionieren uns zwischen diesen Extremen.

Für die ergonomisch passende Position im Fahrersitz sind zunächst einmal Ihre Körpergröße sowie die Länge von Armen und Beinen entscheidend.

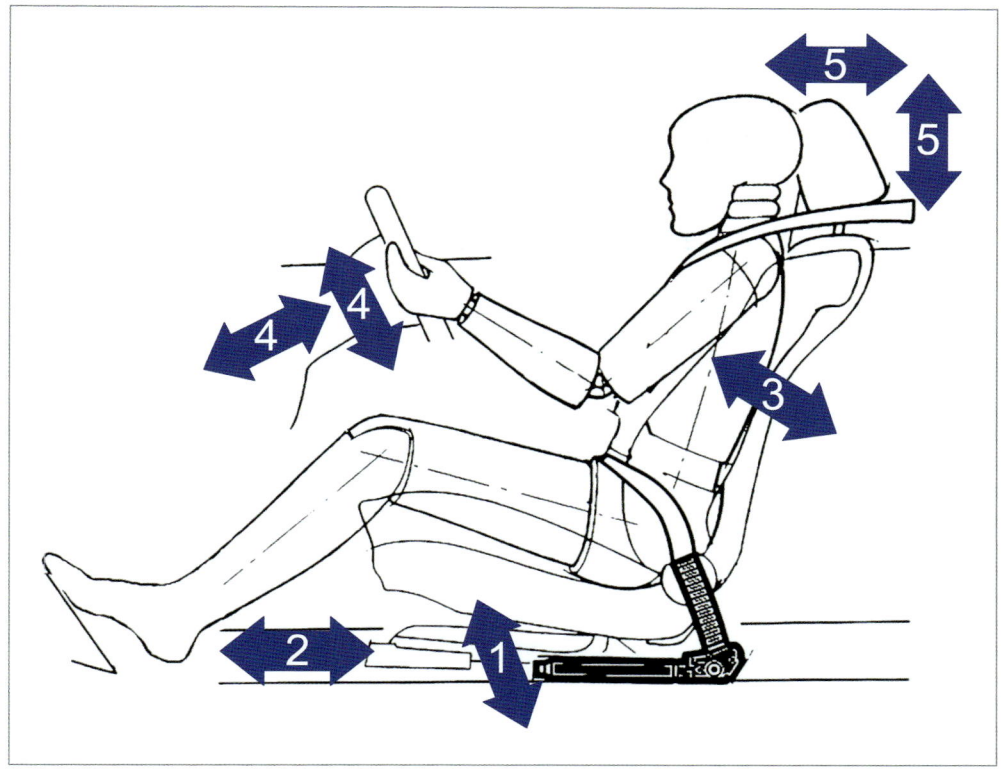

Bevor Sie den Zündschlüssel drehen, stellen Sie den Sitz in Höhe (1) und Länge (2) entsprechend Ihrer Körpergröße ein. Gleiches gilt für Längs- und Höhenverstellung des Lenkrads (4) sowie für den Grad der Sitzlehne (3) und der Kopfstütze (5).

Behalten Sie die Übersicht: richtige Sitzhöhe

Am Anfang steht die korrekte Höhenjustierung des Sitzes – sofern Ihr Fahrzeugmodell über eine solche verfügt. Ob nun mechanisch oder elektrisch: Den optimalen Abstand des Kopfes zum Dachhimmel messen wir in Fingerbreiten – vier sollten es sein. In Augenhöhe ausgedrückt: Sie blicken deutlich über den oberen Lenkradkranz hinaus auf die Straße.

Abstand zu den Pedalen

Vor allem der Abstand zum Lenkrad und zu den Pedalen muss im Verhältnis stimmen.

Beginnen wir bei den Voraussetzungen für eine optimale Beinarbeit – dem richtigen Abstand zu Kupplungs-, Brems- und Gaspedal. Alle drei sollten Sie bequem, ohne Kraftanstrengung und Körpereinsatz bis zum Anschlag durchtreten können. Dazu müssen die Beine im Kniekehlenbereich deutlich angewinkelt sein, wenn Sie die Füße auf den Pedalen abstellen. Treten Sie nun das Bremspedal ebenso bis zum Anschlag durch wie die Kupplung – das Knie sollte noch immer leicht angewinkelt sein. Dann sind Höhe und Abstand des Sitzes korrekt. Sind die Beine komplett durchgestreckt, stimmt's nicht und Sie müssen nachjustieren. Es geht nicht nur darum, die Pedale kräftig und zügig treten zu können, sondern auch darum, dass die Beine im schlimmsten aller Fälle die Aufprallenergie abfedern müssen, wenn Sie noch immer voll auf Bremse und Kupplung stehen (bei

Mit leicht angewinkelten Armen und den Händen auf drei und neun Uhr hat man das Lenkrad am besten im Griff.

Korrekte Sitzeinstellung

- Sitzhöhe: vier Finger breiter Abstand zwischen Kopf und Dachhimmel
- Pedalabstand: leichter Winkel in den Kniekehlen beim Durchtreten von Brems- und Kupplungspedal
- Sitzlehne: im 90- bis 100-Grad-Winkel zur Sitzfläche
- Lenkradabstand: Arme deutlich angewinkelt (Knick im Ellenbogen)
- Kopfstütze: Höhe und Neigung einstellen – Augen, Ohren und Kopfstütze bilden eine Linie

einem Crash werden Sie sich damit abstützen). Ein voll durchgestrecktes Bein aber kann nicht mehr federn – und die Knochen halten der Belastung eher selten stand.

Abstand zum Lenkrad

Der Hinweis der Flugbegleiter bei Start und Landung eines Flugzeugs, die „Rückenlehne in eine aufrechte Position" zu stellen, gilt im Prinzip auch hier. Wir empfehlen einen Winkel zwischen 90 und 100 Grad zur Sitzfläche; er hat sich in praktischen Erfahrungen – vor allem im Rahmen von Sicherheitstrainings und Fahrerlehrgängen sowie im Motorsport – bewährt. Wenn Sie nun die Hände links und rechts ans Lenkrad nehmen, sollten die Arme nicht ausgestreckt, sondern leicht angewinkelt sein. Mit einem simplen Handauflegen überprüfen sie die korrekte Einstellung noch einmal: Legen Sie die geballten Fäuste auf den oberen Rand des Lenkrads. Wenn das Lenkrad unter dem Handgelenk verläuft, stimmt der Abstand. Der fahr- und sicherheitstechnische Hintergrund dieser Positionierung: Um das Lenkrad mit der erforderlichen Kraft drehen zu können, müssen Sie sich über das Schulter-

Gute Kopfstützen – weniger Verletzungen

max.
4 cm

Kopfstütze auf die Oberkante des Kopfes einstellen!

Die meisten Autofahrer vernachlässigen die korrekte Einstellung der Kopfstützen.

Der Längsabstand der Kopfstützen lässt sich bei Oberklasse-Modellen elektrisch verstellen.

Bei Fahrerlehrgängen wird den Schülern zunächst einmal der korrekte Griff am Lenkrad erläutert. Mit der linken Hand auf neun und der rechten Hand auf drei Uhr ist man für fast jedes Lenkmanöver bestens gerüstet.

blatt und den Rücken an der Lehne abstützen. Diese Kraftübertragung funktioniert nur aus dem richtigen Abstand zum Lenkrad heraus. Und wie beim Pedalabstand gilt auch hier: Ausgestreckte Arme können beim Crash keine Stöße mehr auffangen. Sie sollten daher kurz vor dem unvermeidlichen Aufprall noch schnell die Hände vom Lenkrad nehmen (wie das auch alle Renn- und Rallyefahrer auf der Strecke machen).

Kopfstütze einstellen

Auch wenn Sie jenen „worst case" unter anderem mit der Lektüre dieses Buches vermeiden wollen und sollen: Sie müssen darauf vorbereitet sein. Zur Unfallprotektion gehört letztlich auch die ergonomisch korrekte Einstellung der Kopfstütze – sowohl in der Höhe als auch in der Neigung: Justieren Sie sie so, dass die Mitte des Polsters auf gleicher Linie und Höhe mit Ihren Augen und Ohren liegt. Notabene: Es ist keine Nacken-, sondern eine Kopfstütze! Mit anderen Worten: kein Komfort-, sondern ein Sicherheits-Feature!

Das Lenkrad im Griff

Die Sitzposition ist korrekt, der Abstand zu Pedalen und Lenkrad stimmt. Nun kann's losgehen, oder? Sachte! Haben Sie auch an die optimale Position Ihrer Hände am Lenkrad gedacht? Auch sie ist ein wesentliches Element der „Kommunikation" mit Ihrem Auto: Einfach nur die Hand oben auf den Lenkradkranz legen, das reicht nicht, um die Reaktionen des Fahrzeugs zu erfühlen. Und spontane Richtungsänderungen haben Sie mit dieser lässigen Haltung schon gar nicht im Griff:

Der Instruktor macht es vor: Nur wer das Lenkrad im richtigen Abstand und an den richtigen Stellen greift, kann in Extremsituationen schnell und präzise lenken, ohne umgreifen zu müssen.

Taucht aus heiterem Himmel ein Hindernis auf, dem Sie ausweichen müssen, bleibt Ihnen garantiert keine Zeit mehr, das Lenkrad zu packen und das Auto zu dirigieren. Ebenso falsch ist es aber auch, das Lenkrad mit beiden Händen geschlossen am oberen Rand ganz fest oder gar verkrampft zu packen (was bei korrekt eingestelltem Abstand sowieso nicht funktioniert, wie Sie aus dem vorhergehenden Kapitel wissen). Denn dann „verreißen" Sie das Steuerrad im Notfall, weil Sie sich daran aus dem Sitz herausziehen, mit Körpereinsatz lenken und dabei das ganze Gewicht in die Lenkrichtung mitnehmen.

Dass dies für eine souveräne Steueraktion unerwünscht ist, haben Sie im Abschnitt zur korrekten Sitzlehnenstellung erfahren: Immer schön aus dem Schulterblatt lenken! Und das geht nur, wenn Sie das Steuer vor Ihnen an den richtigen Stellen greifen.

Das perfekte Niveau

Dazu müssen wir das Lenkrad zunächst einmal in greifbarer Reichweite haben und auf das passende Höhenniveau einstellen. Soll heißen: In der vertikalen und horizontalen Ebene justieren. Eine Höhenverstellung des Lenkrads ist bei den meisten Fahrzeugmodellen heute serienmäßig, die Längsverstellung gibt's je nach Fahrzeug- und Preisklasse beziehungsweise Ausstattungspaket ab Werk oder gegen Aufpreis.

Wie der korrekte Abstand zum Lenkrad eingestellt wird, haben wir bereits im Kapitel „Die richtige Sitzposition" beschrieben. Für die Einstellung des Höhenniveaus gilt: Justieren Sie das Lenkrad so, dass Sie über den oberen Lenkradkranz hinweg ein freies Sichtfeld durch die Frontscheibe auf die Straße haben (also nicht etwa den Kranz im Blickbereich, wie das bei einer leicht liegenden Sitzposition oft der

Für den korrekten Griff müssen Sie sich das Lenkrad als Uhr mit den gewohnten Zeiteinteilungen vorstellen.

Die für schnelle und präzise Lenkmanöver am besten geeignete Position der Hände liegt bei „9" und „3".

Fall ist). Gleichzeitig sollte das Lenkrad so eingestellt sein, dass Sie durch den Bereich zwischen dem oberen Kranz des Lenkrads und der Nabe („Hupknopf") wiederum freie Sicht auf die wesentlichen Instrumente im Armaturenbrett haben. Für den schnellen, informativen Blick auf Tacho, Drehzahlmesser, Wassertemperatur & Co. sollten Sie nicht umständlich den Hals verrenken müssen: Schließlich könnte in genau dieser Sekunde ein Auto aus der Seitenstraße auftauchen oder ein Kind zwischen zwei geparkten Fahrzeugen hervorlaufen – und in einer Sekunde haben Sie bei Tempo 50 km/h bereits 14 Meter zurückgelegt.

Das Lenkrad als Uhr

Wäre es nicht schon auf den ersten Blick klar, der Zusatz „Rad" im Namen würde endgültig Klarheit schaffen: Das Lenkrad ist rund – zumindest bei jedem handelsüblichen Automobil. Das Ziffernblatt einer konventionellen Uhr ist es ebenfalls. Was beides miteinander zu tun hat? Stellen Sie sich Ihr Lenkrad als ein solches Uhrenziffernblatt vor: Ihre Hände sind dabei die Zeiger, und nun greifen Sie den Lenkradkranz mit der linken Hand auf der Position

„neun" und mit der rechten auf Position „drei" – „viertel vor drei" bzw. „viertel nach neun", das ist unsere Grund- und Ausgangsstellung für jede folgende Lenkaktion. Alle anderen Uhrzeitstellungen sind als Ausgangsstellung tabu, weil man aus ihnen heraus nicht kräftig und exakt aus der Schulter heraus lenken kann, wie wir das anstreben.

Die vier Finger umschließen den Lenkradkranz in dieser Grundstellung von außen, der Daumen macht das von innen. Packen Sie das Lenkrad kräftig, aber nicht zu fest (Stichwort: Verkrampfen). Wenn die Knöchel jetzt weiß werden ... entspannen Sie sich, lockern Sie den Griff!

Lenken heißt schieben

Erste Trockenübung im Stand: Stellen Sie sich eine Rechts- oder Linkskurve vor. Sie fahren darauf zu und müssen nun einlenken. Jetzt ist die kurvenäußere Hand gefordert – und der entsprechende Arm mit seinen Muskeln. Sie packt das Lenkrad und schiebt es – schön aus der Schulter heraus und mit dieser gegen die Sitzlehne abgestützt – zur Kurveninnenseite hin. Das funktioniert nicht nur bei einem

Die Vorteile der richtigen Position der Hände am Lenkrad können Sie schon mal im Stand ausprobieren ...

... indem Sie in eine theoretische Kurve einlenken. Die kurvenäußere Hand schiebt, die kurveninnere zieht.

Ist die Sitzlehne korrekt eingestellt, können Sie sich in schnellen Kurven gut mit der kurvenäußeren Schulter abstützen.

Die richtige Lenkradhaltung

- Grundposition/Ausgangsstellung: linke Hand auf neun, rechte auf drei Uhr
- Lenken in weiten Kurven: kurvenäußere Hand schiebt, kurveninnere zieht
- Lenken in engen Kurven: umgreifen auf Grundpositionen

großen, weiten Radius, sondern auch bei einem engen: Schieben ist bis zu 180 Grad möglich. Die kurveninnere Hand zieht am Lenkrad – weshalb wir sie auch folgerichtig als „Zughand" bezeichnen – und bleibt bis kurz vor dem Oberschenkel in ihrer angestammten Position („drei" oder „neun"). Mit dieser

Konstellation schaffen Sie locker bis zu 80 Prozent aller Kurvenradien auf unseren Straßen – vor allem auf dem Land, auf der Autobahn sowieso.

Das Prinzip kommt aus dem Motorsport: Schauen Sie den professionellen Fahrern beim Onboard-Mitschnitt der Übertragung eines Rennens oder einer Rallye mal auf die Finger. Keiner von denen nimmt sie vom Lenkrad, wenn es nicht zwingend sein muss – damit sie die Orientierung über die Stellung der Vorderräder nicht verlieren.

Umgreifen in engen Kurven

An die übrigen 20 Prozent müssen Sie spätestens im kleinen Dorf oder in der großen Stadt denken: Hier ist ein gezieltes Übergreifen nötig. Packen Sie das Lenkrad dabei unbedingt an den beschriebenen Ziffernpositionen. Denn wer nur mit einer Hand oder mit beiden Händen herumkurbelt, verliert den Überblick, wie die Räder denn nun gerade stehen.

Also, Beispiel Rechtskurve: Mit der linken „Schubhand" das Lenkrad bis zum „Drei-Uhr-Punkt" drehen, während die Zughand ab „fünf Uhr" den Lenkradkranz durch die Finger gleiten lässt. Nun greift die rechte Hand auf „neun Uhr" um, die linke Hand lässt das Lenkrad los. Jetzt den gewünschten Lenkwinkel einschlagen und sobald die rechte Hand bei „drei Uhr" angekommen ist, greift die linke Hand das Lenkrad wieder bei „neun Uhr" und schiebt weiter. Beim Zurückdrehen greifen Sie in umgekehrter Reihenfolge um – und haben damit das Lenkrad analog zu den Vorderrädern wieder in der richtigen Geradeausstellung.

Fahrassistenz-Systeme

Effizient bremsen, gezielt ausweichen ... in Gefahrensituationen ist der routinierte Fahrer gefordert, schnell und überlegt zu reagieren. Die geeigneten Verhaltensmuster dafür kann er sich antrainieren. Bevor moderne Regelsysteme, wie beispielsweise das erste ABS (Anti-Blockier-System), und später elektronische Assistenten wie ESP (Stabilitätskontrolle) im Auto Einzug hielten, war der Fahrer allein auf seine Routine und gute Reflexe angewiesen. Heute unterstützen ihn zahlreiche elektronische Komponenten, erkennen und korrigieren seine verspäteten oder nicht angepassten Reaktionen und entschärfen damit gefährliche Situationen oder verhindern sogar Unfälle. Doch selbst den ausgefeiltesten Assistenzsystemen gelingt es nicht, die physikalischen Gesetze außer Kraft zu setzen. Außerdem können sie – vielleicht sogar im entscheidenden Moment – aus technischen Gründen versagen oder komplett ausfallen. Und so sind Sie als Fahrer nach wie vor gefordert, verantwortungsvoll

und vorausschauend am Lenkrad zu agieren: Vertrauen in die Elektronik ist gut, Kontrolle über das Auto zu behalten aber noch immer unabdingbar. Dazu ist es gut zu wissen, welche sinnvollen Assistenzsysteme in Ihrem Fahrzeug installiert sind und wie sie funktionieren.

Systeme für Fahrstabilität

Anti-Blockier-System (ABS)
Dieses Assistenzsystem verhindert, dass die Räder beim Bremsen blockieren. Das Auto bleibt damit lenkbar (um ausweichen zu können) und richtungsstabil (mit blockierenden Rädern kann es ausbrechen) – selbst bei kritischen Straßenverhältnissen. ABS sorgt bei richtiger Handhabung für einen optimal kurzen Bremsweg. Sensoren variieren bei einer Vollbremsung den Bremsdruck jedes einzelnen Rades innerhalb von Sekundenbruchteilen, so dass die Räder mit hoher Haftung weiter maximal verzögern, dabei aber noch immer ausreichend hohe Seitenführungskräfte aufbauen können. Richtiger Einsatz: Bremspedal voll treten, nicht loslassen.

Automatische Differenzialbremse (ADB)
Eine Unterfunktion der elektronischen Stabilitätskontrolle bei Fahrzeugen mit Allradantrieb. Ersetzt konventionelle Differenzialsperren an den Achsen. Das ADB bremst ein durchdrehendes Rad automatisch ein, bis es wieder greift und Antriebskraft übertragen kann.

Bremskontrolle in Kurven (CBC)
Die „Cornering Brake Control", eine erweiterte ABS-Funktion, soll die Seitenführung in den Kurven garantieren und ein „Ausrutschen" des Fahrzeugs verhindern. Das System greift in kritischen Situationen beim Bremsen in Kurven ein und reduziert dabei den Bremsdruck an den kurveninneren Rädern.

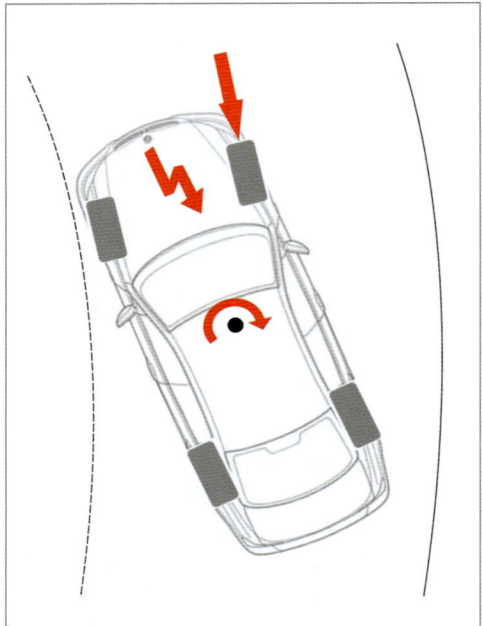

Beim Übersteuern bremst die elektronische Stabilitäts-kontrolle das kurvenäußere Vorderrad ein und ...

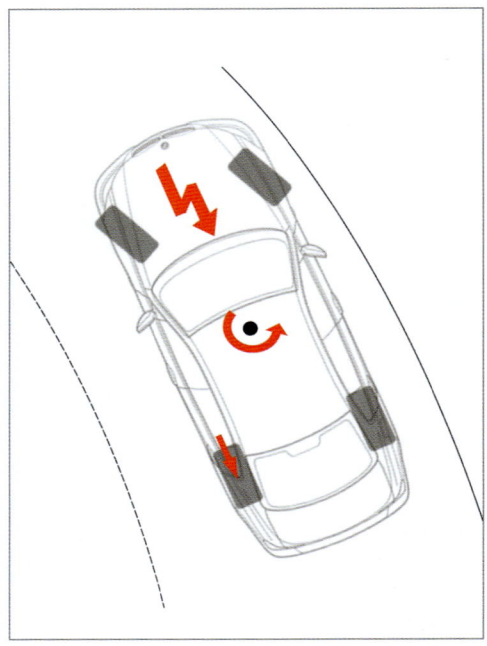

... reduziert die Motorleistung. Beim Untersteuern wird dagegen das kurveninnere Hinterrad abgebremst.

Elektronische Bremskraftverteilung (EBV)

Diese Komponente des Bremssystems bildet mit dem ABS eine Einheit, es benutzt auch zahlreiche gleiche Bauelemente. EBV sorgt für maximale Bremsleistung an Hinter- und Vorderachse und verhindert unter normalen Bedingungen, dass das Heck wegen über-bremster Hinterräder ausbricht. Außerdem reduziert EBV die Beanspruchung und Erhit-zung der Vorderbremsen. Dies wirkt dem Nachlassen der Bremswirkung infolge zu hoher thermischer Belastung entgegen.

Bremskraftverstärkung bzw. elektronischer Bremsassistent (BAS, DBC, EBA)

Integrierte Komponente von Bremssystem und ABS. Je nach Hersteller auch als „dynami-sche Bremskontrolle" (DBC) bezeichnet. Sorgt für maximale Bremswirkung, wenn der Fahrer das Bremspedal nicht oder nach dem für das aktive ABS typischen Pulsieren nicht mehr

stark genug durchtritt. Die Elektronik erkennt Notsituationen anhand der dafür typischen schnellen Pedalbetätigungen und aktiviert die Bremskraftverstärkung bereits bei einem Pedaldruck von nur 30 Prozent.

Elektronische Differenzialsperre (EDS)

Anfahrassistenz-System bei Fahrzeugen mit Zweiradantrieb. Dreht ein Antriebsrad beim Anfahren durch, bremst die EDS es gezielt ab und leitet das Drehmoment auf das andere Antriebsrad mit besserer Traktion um. Das geschieht über eine Hydraulikpumpe.

Elektronische Stabilitätskontrolle (ASC, ESP)

Sie verhindert ein Über- und Untersteuern in kritischen Situationen, beispielsweise bei plötzlichen Ausweichmanövern. Dazu greift die Elektronik gezielt in das Management des Motors und ins Bremssystem ein, reduziert beispielsweise die Leistung oder bremst indivi-

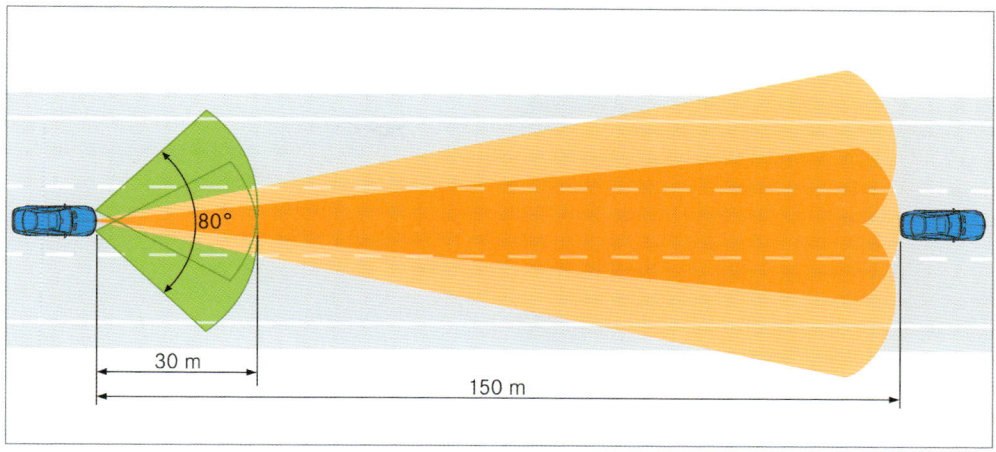

Ein Abstandswarner mit integrierter Bremsfunktion misst die Distanz zum Vordermann mit Radarsensoren ...

duell ein oder mehrere Räder ab. Das Kontrollsystem arbeitet mit verschiedenen Modulen – vom ABS über die Traktionskontrolle bis zur Kurvenbremskontrolle, von denen es die Informationen über deren Sensoren bekommt.

Elektronische Traktionskontrolle bzw. Antriebs-Schlupfregelung (ASC+T, ESP, ASR)

Komponente beziehungsweise Unterfunktion der Stabilitätskontrolle. Sie wird oft auch als Antriebs-Schlupfregelung oder – je nach Hersteller – auch als „automatische" beziehungsweise „dynamische Traktionskontrolle" bezeichnet. Das System sorgt für einen maximalen Vortrieb, vor allem auf problematischem Untergrund wie Schotter, Schnee oder regennasser Fahrbahn. Beim Anfahren und Beschleunigen sichert es die Stabilität und Lenkbarkeit des Fahrzeugs mittels eines definierten elektronischen Eingriffs in die Motorsteuerung oder individuelles Abbremsen eines Rades. Dazu werden die Regelschwellen der Stabilitätskontrolle entsprechend angehoben, um an den kontrolliert durchdrehenden Rädern für den nötigen hohen Schlupf zu sorgen. Je nach Fahrzeugmodell greift die Traktionskontrolle automatisch ein oder kann vom Fahrer zu- und auch abgeschaltet werden.

Stabilisierungskontrolle

Ein elektronisch geregeltes System, das aktiv wird, sobald ein Gespann (beispielsweise mit einem Lastanhänger oder einem Wohnwagen) beginnt, sich gefährlich aufzuschaukeln. Gerät der Anhänger ins Schlingern, greift die Stabilisierungskontrolle in das Bremssystem des Zugfahrzeugs ein und bremst es automatisch ab. Durch den Geschwindigkeitsabbau stabilisiert sich das Gespann wieder.

... die im vorderen Stoßfänger integriert sind.

Der Abstandswarner alarmiert den Fahrer bei Unterschreiten einer Mindestdistanz optisch wie auch akustisch.

Systeme zur Fahrerunterstützung, Bedienungserleichterung und den Komfort steigernde Systeme

Berganfahrassistent
Dieser Assistent erleichtert das Anfahren an Steigungen. Er wird aktiviert, sobald der Fahrer an einer Steigung stehen bleibt und auf die Fußbremse tritt. Nimmt er den Fuß vom Pedal, hält der elektronische Anfahrassistent den Bremdruck noch für einen kurzen Moment aufrecht; das Fahrzeug kann somit nicht zurückrollen und der Fahrer leichter anfahren.

Bremsassistent mit Abstandswarner
Diese Komponente des Bremssystems verhindert zu dichtes Auffahren auf den Vordermann und bremst im Notfall automatisch ab. Das System ist meist mit dem Tempomaten gekoppelt und arbeitet mit Radarsensoren, die den Abstand zu einem vorausfahrenden Fahrzeug messen. Wird der definierte Sicherheitsabstand unterschritten, warnt das System den Fahrer und baut einen Vorab-Bremsdruck auf.

Eine weitere Entwicklungsstufe des Systems bremst automatisch, wenn der Fahrer nicht innerhalb kurzer Zeit auf die Warnhinweise reagiert hat. Als „elektronische Knautschzone" soll das System die Aufprallgeschwindigkeit zumindest verringern.

Bei manchen Automobilherstellern findet sich eine Variante dieses Systems, das auf die typischen Auffahrunfälle in der Stadt im Geschwindigkeitsbereich bis zu 30 km/h programmiert ist (zum Beispiel Volvos City Safety). Diese Version wird bei Geschwindigkeitsdifferenzen bis 15 km/h zwischen dem eigenen und dem vorausfahrenden Auto aktiv und bremst ab dem Unterschreiten eines definierten Sicherheitsabstands automatisch ab. Bei einem Tempounterschied zwischen 15 und 30 km/h hilft es ebenfalls (s.o.), die Geschwindigkeit des Aufpralls zu reduzieren.

Lichtassistenten
Gegen Abend und in der Nacht ist das Unfallrisiko doppelt so hoch wie am Tag. Verschiedene intelligente, adaptive Licht-Assistenz-Systeme sollen dazu beitragen, es zu reduzieren. Dazu zählen das Abbiegelicht, das den seitlichen Bereich des Fahrzeugs aufgrund von Faktoren wie Geschwindigkeit, Blinker- oder Lenkradstellung im Winkel von bis zu 65 Grad oder 30 Meter ausleuchtet.

Nachtsichtunterstützung
Elektronische Komponente. Erweitert das Sichtfeld des Fahrers bei Nacht. Dabei leuchten Infrarotsensoren die Straße vor dem Fahrzeug – unsichtbar für entgegenkommende Fahrer und andere Verkehrsteilnehmer – aus. Das Bild wird von einer Kamera auf einen Bildschirm übertragen.

Bremsassistent zum Fußgängerschutz
Diese Komponente des Bremssystems ist mit dem Abstandswarner gekoppelt. Registriert die Distanz zu einem stehenden Hindernis

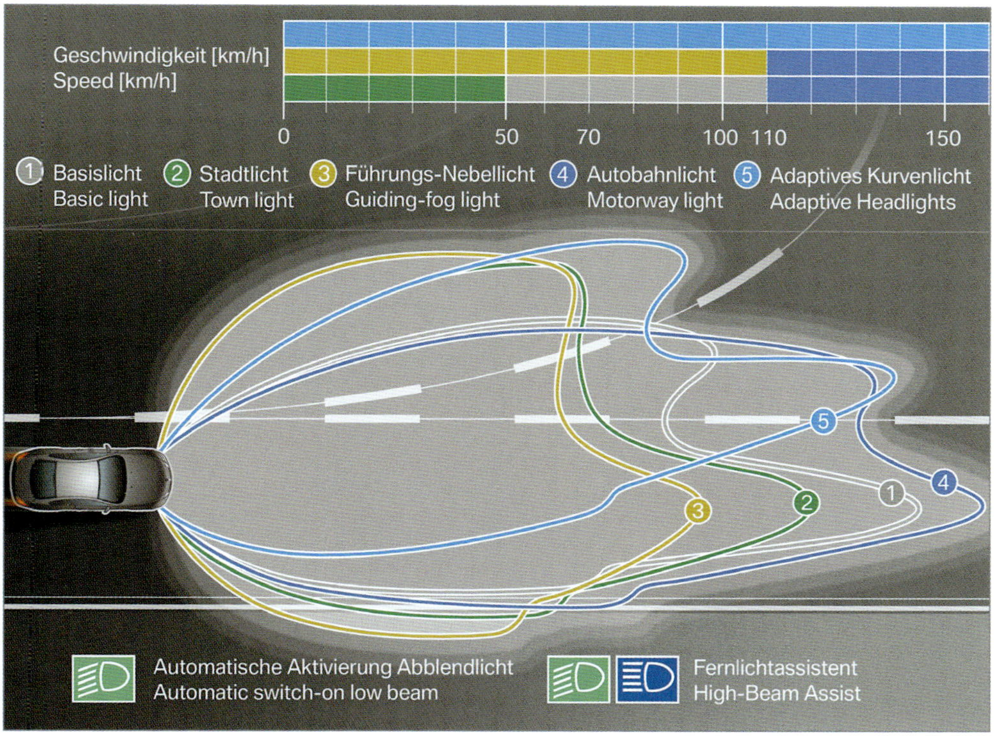

Geschwindigkeit [km/h]
Speed [km/h]

0   50   70   100 110   150

① Basislicht   ② Stadtlicht   ③ Führungs-Nebellicht   ④ Autobahnlicht   ⑤ Adaptives Kurvenlicht
Basic light   Town light   Guiding-fog light   Motorway light   Adaptive Headlights

Automatische Aktivierung Abblendlicht
Automatic switch-on low beam

Fernlichtassistent
High-Beam Assist

Lichtassistenten aktivieren die Scheinwerfersysteme des Fahrzeugs je nach Lichtverhältnissen automatisch.

Adaptives Fahrlicht sorgt für eine jederzeit optimale Ausleuchtung der Fahrbahn.

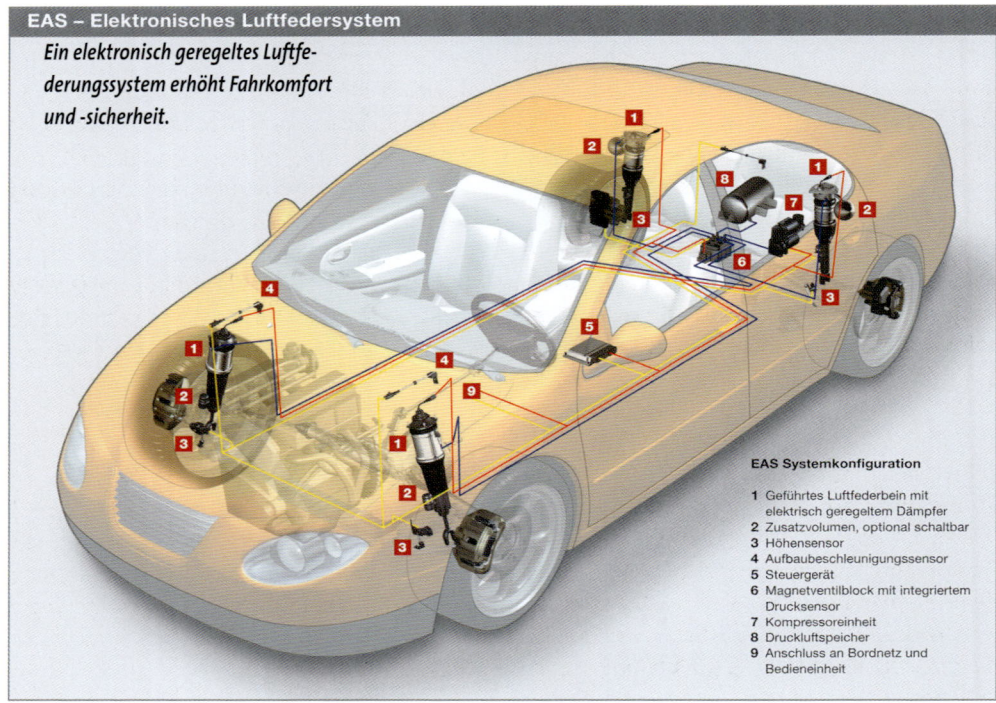

EAS – Elektronisches Luftfedersystem

*Ein elektronisch geregeltes Luftfe-
derungssystem erhöht Fahrkomfort
und -sicherheit.*

EAS Systemkonfiguration

1 Geführtes Luftfederbein mit
 elektrisch geregeltem Dämpfer
2 Zusatzvolumen, optional schaltbar
3 Höhensensor
4 Aufbaubeschleunigungssensor
5 Steuergerät
6 Magnetventilblock mit integriertem
 Drucksensor
7 Kompressoreinheit
8 Druckluftspeicher
9 Anschluss an Bordnetz und
 Bedieneinheit

*Ein Head-up-Display spiegelt die wichtigsten Informatio-
nen für den Fahrer in die Frontscheibe ein. Dadurch muss
er den Blick nicht von der Straße nehmen.*

oder Fahrzeug per Radar sowie Kamera und
leitet eine Notbremsung mit 50 Prozent der
maximalen Bremsleistung ein. In einer weiter-
entwickelten Version soll es per Weitwinkel-
Radar sogar seitlich vom Auto auftauchende
Fußgänger erkennen und eine automatische
Vollbremsung aktivieren.

Luftfederung (Hinterachse)

Fahrwerkskomponente. Die Luftfederung (in
Verbindung mit der Hinterachse auch „Niveau-
regulierung") sorgt für einen konstanten
Abstand zwischen Achse/Chassis und Straße
bei jedem Beladungszustand. Dabei erfassen
Sensoren sowohl den Abstand der Fahrgestell-
Komponenten zum Untergrund als auch die
Gewichtsveränderung auf der Hinterachse. Je
nach Bedarf aktiviert die Elektronik einen
Kompressor, der das in der Horizontalen unter-
schiedliche Niveau zwischen Vorder- und
Hinterachse wieder ausgleicht.

Bremsbereitschaftssystem

Diese weitere Komponente des Bremssystems baut bei Notbremsungen den Bremsdruck schneller auf. Die Elektronik erkennt, wenn der Fahrer plötzlich den Fuß vom Gaspedal nimmt, wertet das als Zeichen für eine folgende Vollbremsung und legt die Bremsbeläge blitzschnell an die Bremsscheiben an. Damit wird vorab ein definierter Bremsdruck aufgebaut. Tritt der Fahrer nun auf die Bremse, steht sofort die maximale Bremsleistung zur Verfügung.

Elektronische Dämpferkontrolle

Fahrwerkskomponente. Kontinuierlich vollautomatisch arbeitendes System, das Fahrkomfort und -sicherheit erhöht. Passt die Dämpfereinstellung dem Straßenzustand und dem Temperament des Fahrers an. Die Sensoren erfassen dabei die Fahrbahnqualität und die individuelle Fahrweise (Gasstellung, Lenkaktionen, Schaltfrequenz). Anhand der Daten wählt die Elektronik binnen Sekundenbruchteilen die geeignete Dämpfereinstellung zwischen komfortabel und sportlich. Je nach Fahrzeugmodell kann der Fahrer auch zwischen verschiedenen Einstellungen wählen und sie manuell aktivieren. Bei Automatikgetrieben ist sie oft mit der vorwählbaren Schaltcharakteristik gekoppelt.

Head-up-Display

Elektronische Komponente. Ein Anzeigesystem, das dem Fahrer wichtige Informationen (Geschwindigkeit, Motordrehzahl, Navigationshinweise etc.) in sein Sichtfeld innerhalb der Frontscheibe einspiegelt. Das Head-up-Display ist als Sicherheitsfeature konzipiert, damit der Fahrer den Blick nicht von der Straße nehmen muss.

Fahreralarm

Die Übermüdung des Fahrers wird immer häufiger als Unfallursache ausgemacht. Diese Elektronikkomponente ist ein Warnsystem, das mit dem Spurhalte-Assistenten gekoppelt ist. Das System registriert mittels Sensoren und einer Kamera zwischen Innenspiegel und Frontscheibe die Fahrzeugbewegungen und bewertet deren kontrollierten Ablauf. Bei Abweichungen warnt es den Fahrer mit akustischen und optischen Signalen (zum Beispiel mit einem Kaffeetassen-Symbol im Display des Bordcomputers). Das System schaltet sich in der Regel ab einem Tempo von 65 km/h automatisch ein.

Fading-Kompensation

Komponente des Bremssystems. Es gleicht die nachlassende Bremsleitung (Belagverschleiß oder sinkender Bremsdruck aufgrund hoher Hitzeentwicklung) aus, indem der Bremsdruck erhöht wird. So bleibt die Verzögerung konstant, ohne dass der Fahrer das Pedal stärker treten muss.

Soft Stop

Reduziert das Nicken des Fahrzeugs beim Bremsen kurz vor dem Stillstand. Das System reduziert dazu gezielt den Bremsdruck.

Kollisions-Warnsystem

Komponente des Bremsbereitschaftssystems und Bremsassistenten, gekoppelt mit dem Abstandswarner. Warnt den Fahrer vor kritischen Situationen wie drohenden Auffahrunfällen und ermöglicht ihm damit eine schnellere Reaktion. Je nach Herstellerkonzept löst das System bei Unterschreiten eines Mindestabstandes zum vorausfahrenden Auto oder einem anderen Objekt einen kurzen, spürbaren Bremsruck oder ein kurzes Anziehen des Sicherheitsgurts aus und/oder gibt ein akustisches beziehungsweise optisches Signal.

Kurvengeschwindigkeits-Warnsystem

Komponente des Navigationssystems. Warnt den Fahrer, wenn seine aktuelle Geschwindig-

Der Spurhalteassistent warnt den Fahrer, sobald er mit seinem Auto die Fahrbahnmarkierung überfährt.

keit für die folgende Kurve zu hoch ist. Die Warnung erfolgt dabei über ein akustisches und/oder optisches Signal durch das Navigationssystem. Das System wertet dabei die vom Navigationscomputer übermittelten Daten der digitalen Straßenkarte, die via GPS ermittelte Fahrzeugposition sowie die gefahrene Geschwindigkeit aus.

Wankstabilisierung

Fahrwerkskomponente. Die Wankstabilisierung ist ein Regelsystem, das starke Wank- und Rollbewegungen des Fahrzeugs sowohl bei schlechten Straßenverhältnissen als auch in Kurven reduziert. Das System arbeitet dabei mit zwei Stabilisatoren, die innerhalb von nur Millisekunden auf Wankbewegungen (in Kurven) und Rollneigungen (auf der Geraden, bei unterschiedlichen Straßenqualitäten links und rechts) der Karosserie reagieren. Sie wirken diesen Effekten elektronisch entgegen und stabilisieren das aufschaukelnde Fahrzeug wieder. Das System steigert die Lenkpräzision, das Fahrverhalten sowie die Fahrsicherheit und erhöht als Nebeneffekt auch den Federungskomfort.

Spurhalteassistent

Der Spurhalteassistent ist ein effektives Warnsystem zur Unfallvermeidung. Das System warnt den Fahrer sowohl akustisch als auch physisch, sobald er seine Fahrspur unbeabsichtigt verlässt. Dabei erfassen Radarsensoren die linke und rechte Fahrbahnmarkierung. Sobald das Fahrzeug eine dieser Markierungen (zum Beispiel weil der Fahrer eingeschlafen ist), überfährt, wird der Fahrer entweder durch einen Warnton, eine Vibration im Sitz oder am Lenkrad auf die Gefahr hingewiesen.

In einer zweiten Evolutionsstufe soll der Spurhalteassistent das Fahrzeug dann durch einen gezielt eingesetzten Bremseingriff an den Rädern in der Spur halten, falls der Fahrer nicht auf die Warnhinweise reagiert.

Trockenbremsfunktion

Komponente des Bremssystems. Sie entfernt bei Regen vorab den Wasserfilm auf den Bremsscheiben und verkürzt Bremsreaktion und -weg bei Nässe. Wird von der Elektronik aktiviert, sobald ein Sensor Feuchtigkeit auf den Bremsscheiben meldet oder die Scheibenwischer eingeschaltet sind. Dabei werden die Bremsbeläge in kurzen Intervallen leicht auf die Bremsscheiben gelegt.

Navigationssystem

Führt den Fahrer mittels verschiedener Routenoptionen über Display und Ansage zu einem von ihm eingegebenen Ziel. Dabei kann der Benutzer bei den meisten Systemen zumindest zwischen den Alternativen „schnellster", „kürzester" und „wirtschaftlichster" Weg wählen. Moderne Systeme ermöglichen zudem eine Stauumfahrung mittels der Option „dynamische Route", für die der Navigationscomputer die digitalen Verkehrsinformationen im RDS-TMC des Radios verarbeitet. Die Ausweichroute wird in der Regel unter der Prämisse „Zeitersparnis" berechnet.

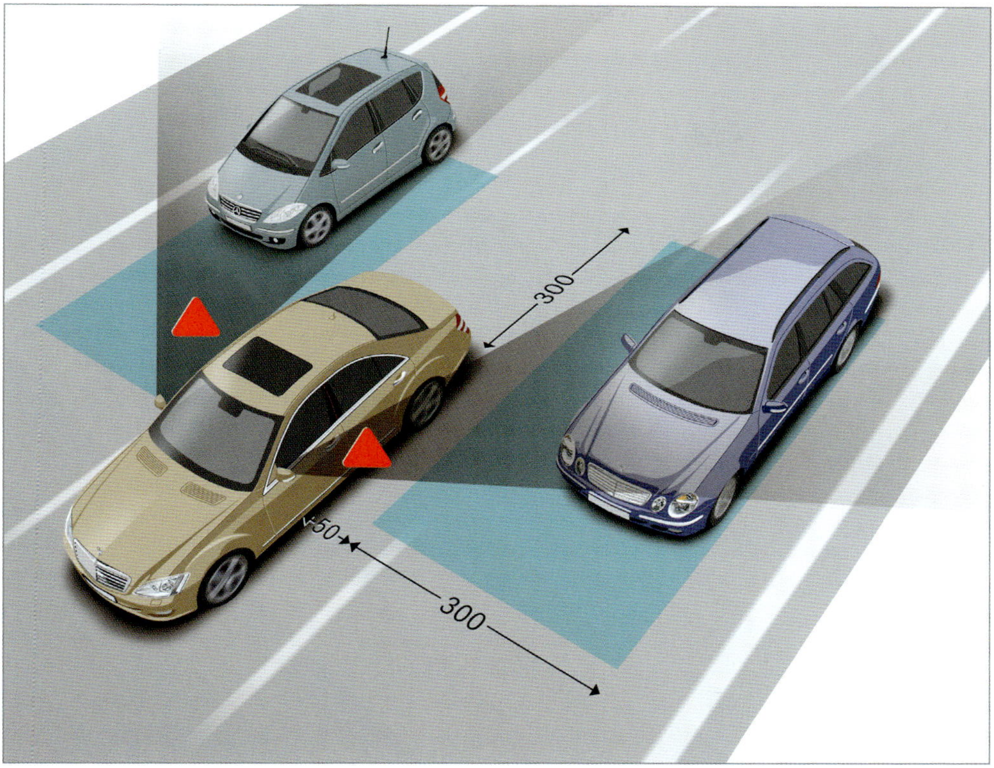

Das Tote-Winkel-Warnsystem warnt den Fahrer vor den für ihn „unsichtbaren" Autos.

Tote-Winkel-Warnsystem

Elektronikkomponente. Das System warnt den Fahrer vor allen mobilen Objekten, die sich von hinten im sogenannten „toten Winkel" seines Fahrzeugs nähern, mittels optischen (beispielsweise durch ein Symbol im linken oder rechten Außenspiegel) und/oder akustischen Hinweisen. Das Warnsystem arbeitet je nach Herstellerversion mit in die Rückspiegel eingebauten Minikameras, Ultraschall oder mehreren in der hinteren Stoßstange integrierten Radarsensoren. Je nach Konstruktion wird das Warnsystem ab einer Geschwindigkeit von etwa 15 bis 20 km/h aktiv. Zur Beobachtung ist es auf einen Überwachungsbereich von rund 2,5 Metern neben und bis zu sieben Meter hinter dem Fahrzeug ausgelegt.

Das System warnt den Fahrer, wenn sich nachfolgende Fahrzeuge im „toten Winkel" befinden.

Fahrtechnik

Die Grundlagen der Fahrtechnik

Vier gerade mal handgroße Flächen machen das Autofahren erst möglich – die Aufstandsflächen der Reifen auf der Straße. Zusammen addiert ist die Kontaktfläche des Fahrzeugs mit der Fahrbahn also kaum größer als ein DIN-A4-Blatt. Und über diese winzige Fläche werden alle fahrdynamischen Kräfte auf den Untergrund übertragen: beim Beschleunigen, beim Bremsen und bei der

Kurvenfahrt. Die Kraftübertragung erfolgt dabei durch die Verzahnung der Reifen mit dem Untergrund, es besteht also die sogenannte Haftreibung zwischen den beiden Komponenten. Wenn man es aber mit der forschen Fahrweise übertreibt, dann werden die fahrdynamischen Kräfte zu groß, geraten die Reifen von der Haftreibung in die Gleitreibung, was man unschwer daran erkennt beziehungsweise hört, dass sie anfangen zu „quietschen".

Der Zeitpunkt, zu dem dieser Übergang von der Haft- in die Gleitreibung erfolgt, ist vom Reibwert abhängig. Dieser ist beispielsweise auf trockenem Asphalt zehnmal so groß wie auf Eis – jetzt wissen wir auch, warum das Auto im Winter so schnell ins Schlingern gerät und warum das Anfahren schon bei der kleinsten Steigung auf glatter Fahrbahn zum Problem werden kann. Wir wissen aber auch, dass man mit Winterreifen in der gleichnamigen Jahreszeit deutlich weiterkommt. Also: Der Reibwert hängt nicht nur vom Untergrund ab, sondern auch von der Bauart und vom Zustand der Reifen.

HAFT- UND GLEITREIBUNG

Die Haftreibung ist stets höher als die Gleitreibung. Ein Beispiel: Wenn ein Schlitten im Gefälle am Hang steht, dann ist ein kleiner „Schubs" notwendig damit er beginnt, den Hügel hinunterzurutschen – die Haftreibung des stehenden Rodels ist in die Gleitreibung übergegangen.

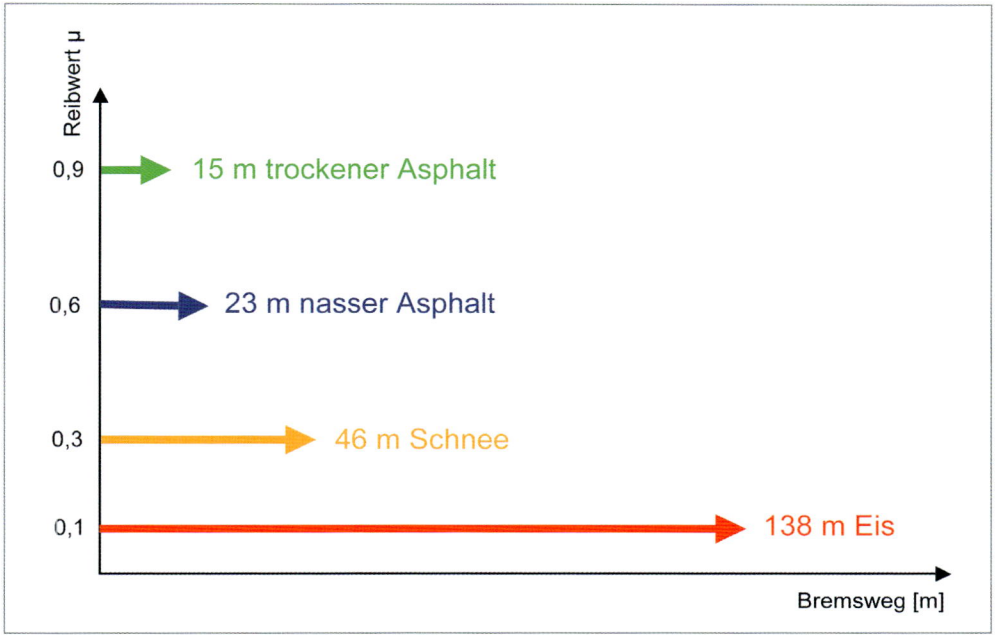

Auf trockenem Asphalt ist der Reibwert rund zehnmal höher als auf Eis – entsprechend verändert sich auch der Bremsweg.

Beschleunigen

Wer beim Losfahren voll auf die Tube drückt, bei dem quietschen die Reifen – zumindest wenn die elektronischen Assistenzsysteme wie ESP oder Traktionskontrolle ausgeschaltet sind. Der Grund dafür ist klar: Weil die fahrdynamischen Kräfte so groß sind, dass die Reifen sie nicht mehr übertragen können und die Haftreibung in Gleitreibung übergeht. Ein Kavalierstart kostet also nicht nur Geld – in Form eines erhöhten Reifenverschleißes und Spritverbrauchs – sondern auch Zeit: Eben weil die Reifen in diesem Fall die Antriebskraft nicht optimal übertragen können.

In der Realität tritt jedoch nie ausschließlich Haft- oder Gleitreibung auf. Beim Losfahren drehen sich die Reifen schneller – also mit einer höheren Drehzahl –, als es der momentanen Geschwindigkeit des Autos entspricht. Der entscheidende Begriff ist hier der (Rad-) Schlupf. Bei zu hohem Schlupf drehen die Räder haltlos durch, ohne großartig Traktion aufzubauen. Gibt man dagegen zu wenig Gas, geht es nicht gerade zügig voran.

Doch wie hoch soll dann der Schlupf sein, um eine optimale Beschleunigung zu erreichen? Gerade an der Grenze, an der die Reifen beim Beschleunigen zu pfeifen beginnen, aber noch nicht qualmend durchdrehen, ist die Kraftübertragung auf die Straße optimal – die erzielte Beschleunigungszeit fällt so kurz wie möglich aus.

Die ausgeklügelten Assistenzsysteme moderner Autos – wie Stabilitätsprogramm und die darin integrierte Traktionskontrolle – machen es dem Fahrer heute einfach, diesen optimalen Grenzwert zwischen Haft- und Gleitreibung zu finden.

War es vor einigen Jahren dem geübten Fahrer noch locker möglich, nur durch das sensible Zusammenspiel zwischen Gas- und Kupplungsfuß bei ausgeschalteten Assistenzsystemen bessere Beschleunigungswerte zu

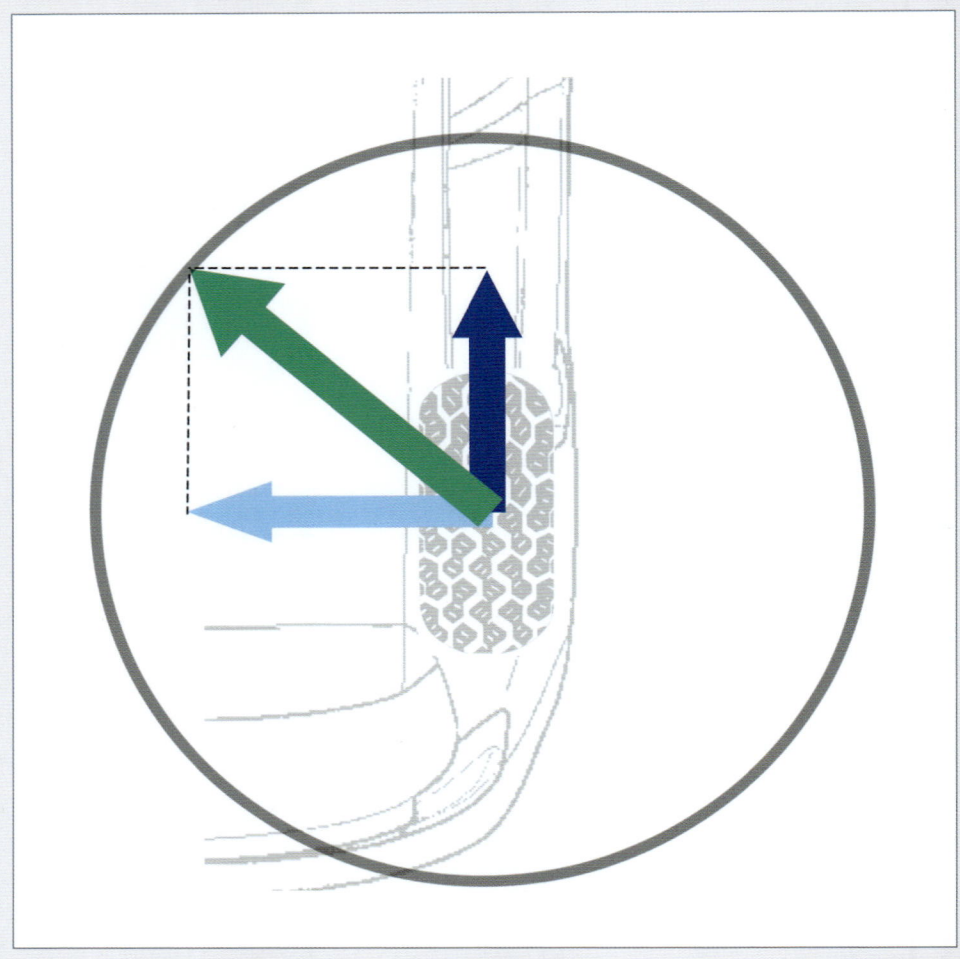

Kamm'scher Kreis

Der Kamm'sche Kreis ist ein physikalisches Modell. Er veranschaulicht die auf die Fahrbahn übertragbaren Kräfte in Abhängigkeit von Reibwert und Radlast.

Während der Fahrt wirken bei jedem Lenkmanöver Fliehkräfte auf Fahrer und Fahrzeug, die durch die Seitenführungskräfte der Reifen auf der Fahrbahn abgestützt werden. Entlang der Längsachse des Fahrzeugs treten beim Gasgeben und Bremsen noch zusätzliche Beschleunigungskräfte auf.

Der Rand des Kamm'schen Kreises stellt die Haftungsgrenze des Reifens dar, während die Beschleunigungs- sowie die Seitenführungskräfte als Pfeile dargestellt werden. Der aus ihrer Kombination resultierende Kraftvektor stellt die Gesamtkräfte dar, die auf den Reifen wirken. Je stärker die „Bodenhaftung" des Reifens,

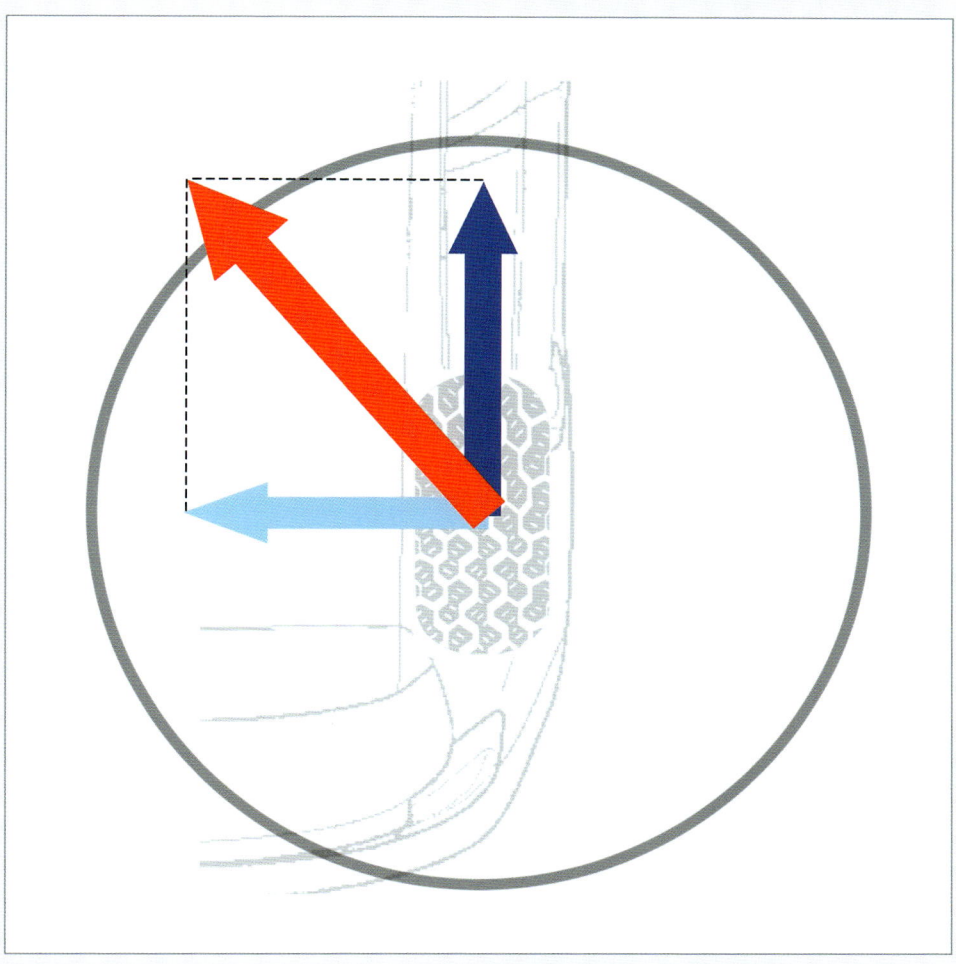

desto größer der Durchmesser des Kreises – und je stärker die auftretenden Kräfte, desto länger die Pfeile.

Bleibt der Kraftvektor (also die Summe der am Rad auftretenden Kräfte) innerhalb des Kreises und damit innerhalb der Haftgrenze, befindet sich das Fahrzeug in einem stabilen Fahrzustand (Zeichnung links oben).

Reicht der Pfeil aber über den Kreis hinaus, ist die Summe der auftretenden Kräfte größer als die Haftungsgrenze des Reifens und das Fahrzeug beginnt zu rutschen (Zeichnung oben rechts).

Der Grund dafür liegt in diesem Fall daran, dass bei gleichgebliebener Haftungsgrenze des Reifens und identischen Seitenführungskräften (sprich: gleicher Kurvengeschwindigkeit und gleichem Radius) zu stark Gas gegeben wurde. Mit der Folge, dass das Fahrzeugheck auszubrechen beginnt (Hecktriebler).

Je schwieriger die Bedingungen, desto klarer zeigt sich ...   *... die Überlegenheit moderner Traktionssysteme.*

Für das gefahrlose Einfädeln in den fließenden Verkehr ist zügiges Beschleunigen erforderlich.

erzielen als mit aktivierten ESP, ist die Elektronik heute ein gleichwertiger Partner. Mit extrem kurzen Reaktionszeiten hindern die Radbremsen die Reifen am Durchdrehen und lassen gleichzeitig noch das gewünschte Maß an Schlupf zu.

Parallel dazu steuert die Elektronik das Motormanagement so, dass die zum Beschleunigen benötigte Leistung zur Verfügung steht, aber auch der schwerste Bleifuß die Reifen nicht zum Qualmen bringt. Wer also bei einem modernen Auto das ESP beim Ampelstart ausschaltet, muss entweder mit einem extrem guten Fahrgefühl gesegnet oder ein ausgeprägter Optimist sein – und je schwieriger die Straßenverhältnisse sind, desto klarer geht der Vergleich zugunsten der elektronischen Helferchen aus.

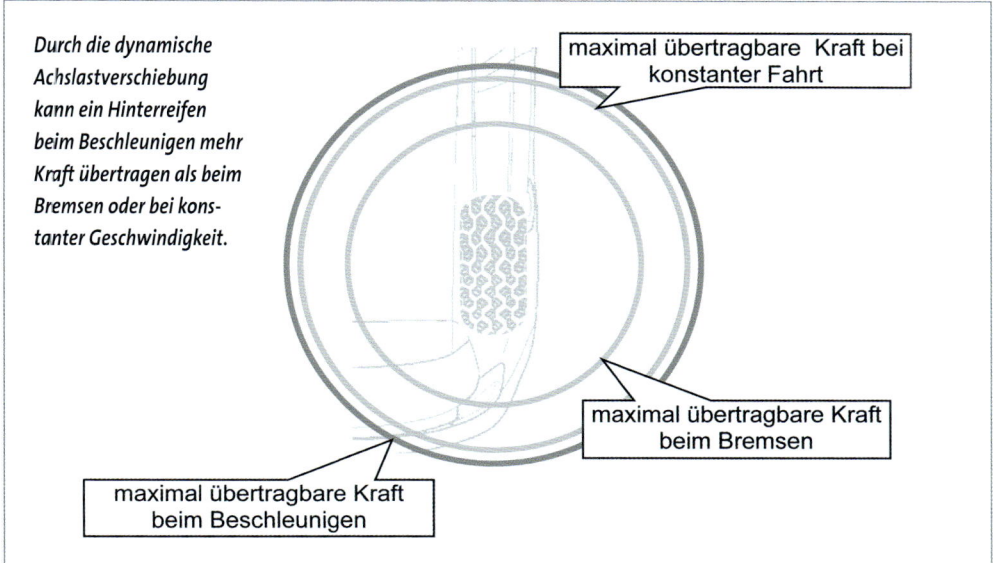

Durch die dynamische Achslastverschiebung kann ein Hinterreifen beim Beschleunigen mehr Kraft übertragen als beim Bremsen oder bei kons- tanter Geschwindigkeit.

maximal übertragbare Kraft bei konstanter Fahrt

maximal übertragbare Kraft beim Bremsen

maximal übertragbare Kraft beim Beschleunigen

Eine Frage des Charakters: Front- oder Heckantrieb

Doch auch das Antriebskonzept des Fahrzeugs hat Einfluss auf die Beschleunigung – Autos mit Vorderradantrieb zeigen beim Losfahren einen völlig anderen Charakter als Hecktriebler. Dafür verantwortlich ist die „dynamische Achslastverschiebung" – ein Effekt, den jeder kennt. Beim Beschleunigen geht das Auto mit dem Heck in die Knie und mit der Nase nach oben: Die Hinterachse federt also stärker ein als im Stand, und die Vorderachse federt entsprechend aus.

Physikalisch ausgedrückt: Beim Beschleu- nigen verschiebt sich der Fahrzeugschwer- punkt in Richtung Heck. Entsprechend ver- ändern sich auch die von den Reifen übertragbaren Kräfte – je größer die Radlast, desto später geht die Haft- in Gleitreibung über. Entsprechend steigen bei einem Auto mit Heckantrieb die von den Reifen übertragbaren Kräfte beim Beschleunigen in Relation zur gleichförmigen Bewegung – beim Fronttriebler nehmen sie dagegen beim Beschleunigen ab.

Das Antriebskonzept hat Einfluss auf die Beschleunigung.

Beim Bremsen sind aber alle wieder gleichgestellt.

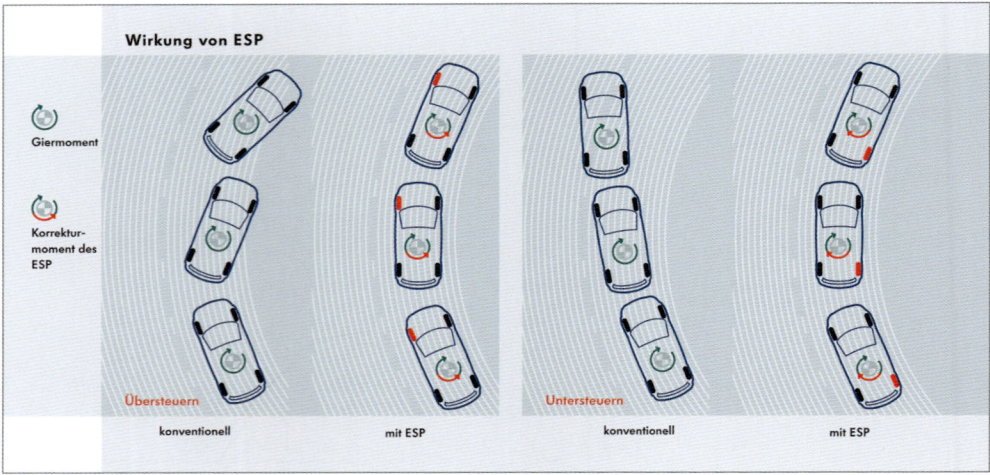

Moderne Assistenzsysteme wirken sowohl dem Über- als auch dem Untersteuern effektiv entgegen.

Bremsen

Physikalisch betrachtet findet beim Bremsen ein vergleichbarer Vorgang statt wie beim Beschleunigen. Sobald die vier Radbremsen die Verzögerung einleiten, müssen die vier nur handtellergroßen Berührungspunkte zwischen Straße und Reifen die auftretenden Kräfte übertragen – und wer schon mal bei einer Vollbremsung in den Gurten hing, weiß, dass dabei große Kräfte auftreten. Und auch hierbei sprechen wir wieder vom Übergang der Haft- in die Gleitreibung. Versuche haben gezeigt, dass optimale Bremsergebnisse dann erzielt werden, wenn der Schlupf rund 20 Prozent beträgt. Dieser Idealwert kündigt sich auf trockenem Asphalt dadurch an, dass die Reifen bereits zu quietschen beginnen, aber noch nicht voll blockieren.

Natürlich ist dieser schmale Grat schwer zu finden. Noch schwieriger ist es, diesen über

Ideale Verzögerungswerte ergeben sich bei einem Reifen-schlupf von rund 20 Prozent – mit ABS ein Kinderspiel.

OPTIMALES BREMSERGEBNIS
Optimal ist es, wenn die Reifen beginnen zu quietschen, aber noch nicht blockieren.

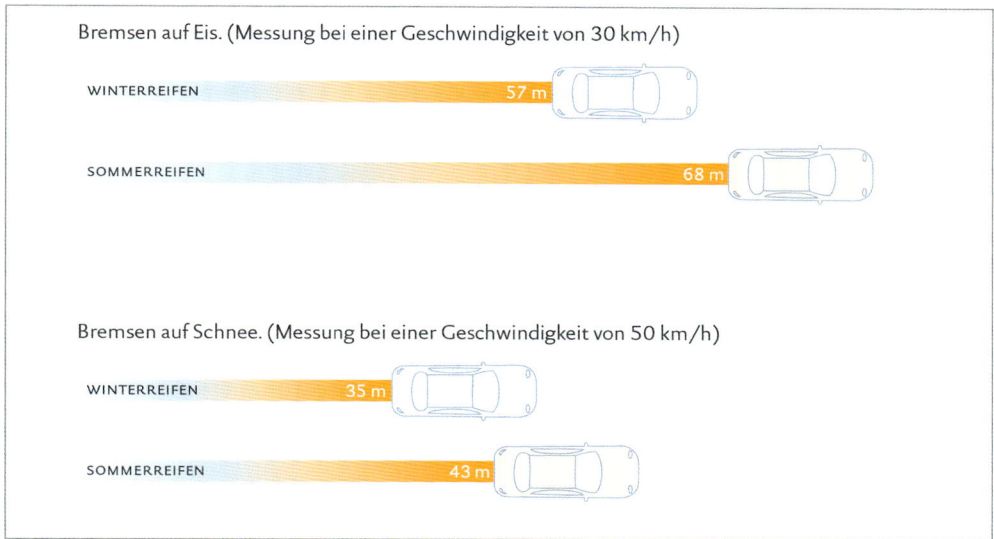

Bremsen auf Eis. (Messung bei einer Geschwindigkeit von 30 km/h)

WINTERREIFEN   57 m

SOMMERREIFEN   68 m

Bremsen auf Schnee. (Messung bei einer Geschwindigkeit von 50 km/h)

WINTERREIFEN   35 m

SOMMERREIFEN   43 m

Die Reibwerte und damit der Bremsweg hängen von der Reifenkonstruktion genauso ab wie vom Straßenzustand.

Speziell bei Nässe hat die Profiltiefe einen entscheidenden Einfluss auf die Länge des Bremswegs.

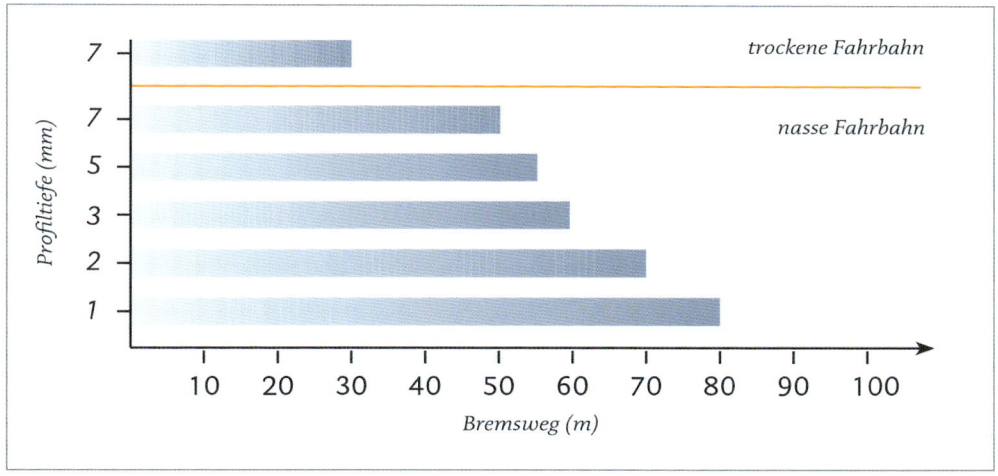

den gesamten Bremsweg einzuhalten. Otto Normalfahrer gelingt dies nur dank der Unterstützung von ABS-Bremssystemen. Hier wird selbst beim vollen Tritt in die Eisen ein Blockieren der Räder verhindert, gleichzeitig aber genügend Bremsdruck für optimale Verzögerungswerte aufgebaut. Dabei imitiert die Elektronik im ABS eine Stotter-bremsung, indem sie in Intervallen von Sekundenbruchteilen die Reifen zum Blockieren bringt und dann den Bremsdruck wieder löst.

Doch reagiert das ABS um Welten sensibler und schneller, als jeder Fahrer dies zustande bringen würde – vor allem aber auch individuell für jedes einzelne Rad.

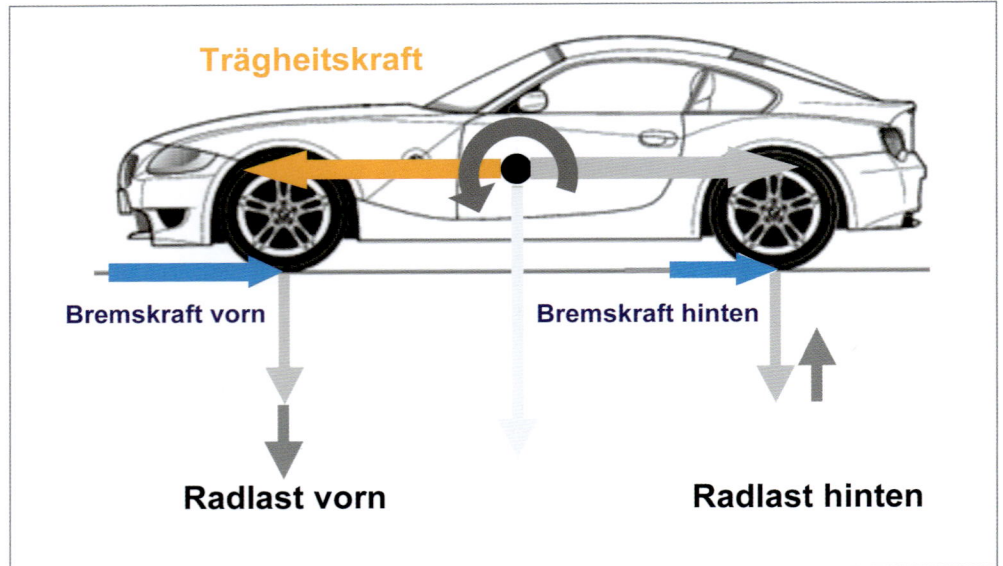

Trägheitskraft

Bremskraft vorn

Bremskraft hinten

Radlast vorn

Radlast hinten

Beim Bremsen geht das Auto vorne in die Knie (nickt um die Querachse) – so kommt mehr Radlast auf die Vorderräder ...

... mit dem Effekt, dass diese mehr Haftung aufbauen und so den größten Teil der Bremskraft auf die Straße übertragen.

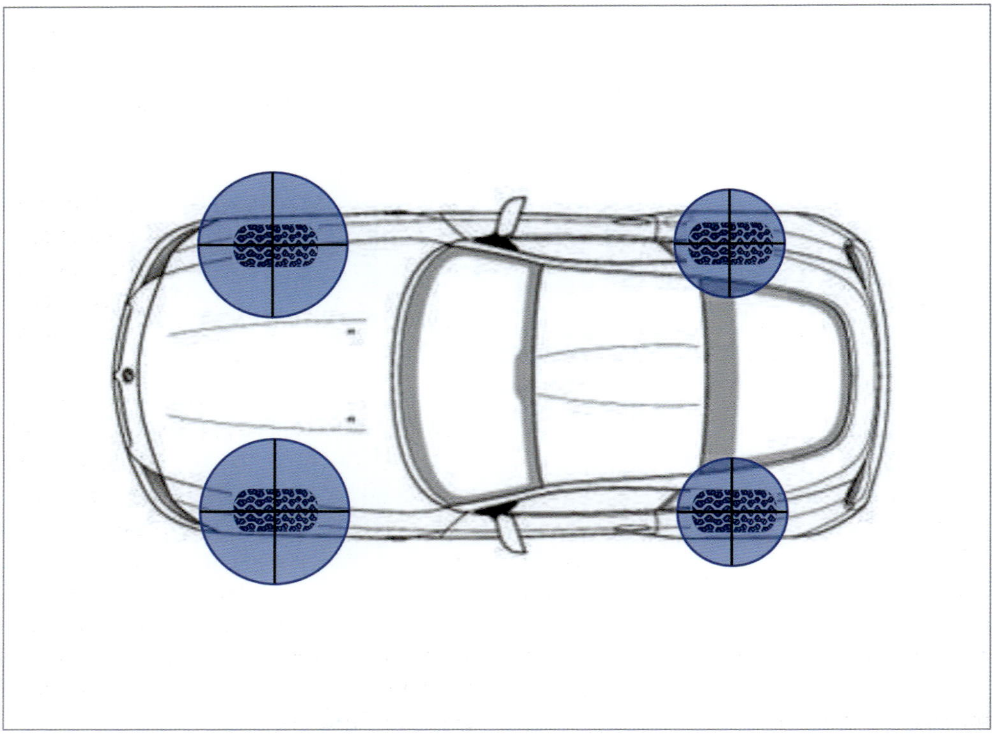

Zwischen dem Erkennen eines Hindernisses und dem Beginn des Bremsvorgangs vergeht rund eine Sekunde Zeit.

Notbremsung

Ein spät erkennbares Stauende auf der Autobahn, plötzlich auftauchende Hindernisse auf der Landstraße, wie beispielsweise ein Wildwechsel oder unachtsame Verkehrspartner in der Stadt: Immer und überall lauern vielfältige Gefahren, die eine Notbremsung erforderlich machen können.

Notbremsung bedeutet, das Fahrzeug möglichst schnell zum Stehen zu bringen; die Strecke, die es dabei noch zurücklegt, ist der Anhalteweg. Und dieser besteht nur zu einem Teil aus dem reinen Bremsweg. Ehe der Fahrer nämlich das Bremspedal überhaupt berührt, vergeht mitunter mehr Zeit als nur die viel zitierte „Schrecksekunde". Vorher muss der Fahrer die Gefahr schließlich erst mal als eine solche erkannt haben.

Reaktionsweg

Dann dauert es nochmals einen Wimpernschlag, in dem der Fahrer sich entscheidet, ob er nun eine Vollbremsung einleitet oder sich für Alternativen, wie beispielsweise ein Ausweichmanöver, entscheidet. Diese Entscheidung muss er schließlich noch in die Tat umsetzen, also den Fuß vom Gas nehmen und aufs Bremspedal wechseln – erst jetzt beginnt der eigentliche Bremsvorgang. Diese Zeitspanne – die zwischen dem Auftauchen eines Hindernisses und dem Einleiten des Bremsvorgangs vergeht – beträgt rund eine Sekunde. In dieser Zeit fährt das Auto ungebremst weiter; entsprechend hängt die währenddessen zurückgelegte Strecke ganz wesentlich von der beim Auftauchen des Hindernisses gefahrenen Geschwindigkeit ab.

Diese Strecke lässt sich nach folgender Formel berechnen:

> **FORMEL: RELATION VON WEGSTRECKE UND GESCHWINDIGKEIT**
> $SR = V/10 \times 3$ [m]
>
> SR: während der Reaktionszeit von einer Sekunde zurückgelegte Wegstrecke
> V: Geschwindigkeit des Fahrzeugs

Daraus resultiert, dass sich bei doppelter Geschwindigkeit auch die Wegstrecke verdoppelt, die das Auto zurücklegt, ehe der Fahrer den Bremsvorgang überhaupt einleiten kann (= Reaktionsweg).

Bremsweg

Noch dramatischer zeigt sich die Bedeutung der gefahrenen Geschwindigkeit beim Bremsweg – also jener Strecke, die nach dem Treten des Bremspedals benötigt wird, um das Auto zum Stillstand zu bringen: Eine Verdoppelung der Geschwindigkeit bringt eine Vervierfachung des Bremsweges. In der Praxis bedeutet dies, dass ein Auto, das bei einer Vollbremsung aus Tempo 30 unter idealen Bedingungen nach rund vier Metern zum Stehen kommt, bei einer Geschwindigkeit von 60 km/h bereits einen Bremsweg von 16 Metern benötigt.

> **TEMPO UND BREMSWEG**
> Doppelte Geschwindigkeit = viermal so langer Bremsweg

Aus Tempo 30 kommt das Auto nach 13 Metern zum Stehen – bei Tempo 50 trifft es das Hindernis ungebremst.

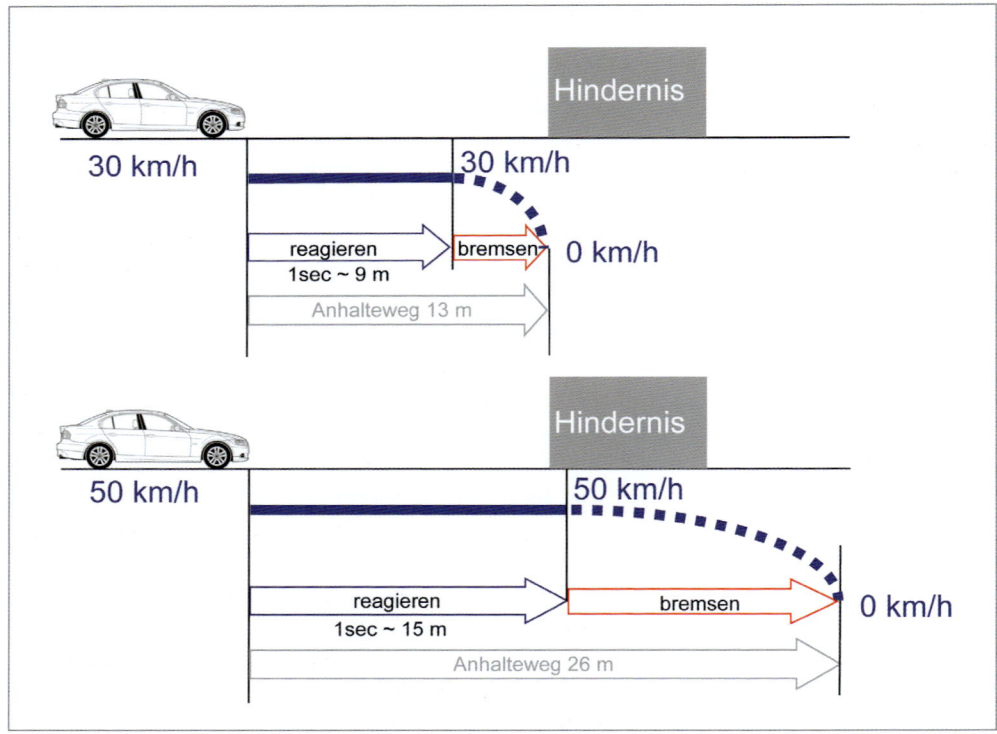

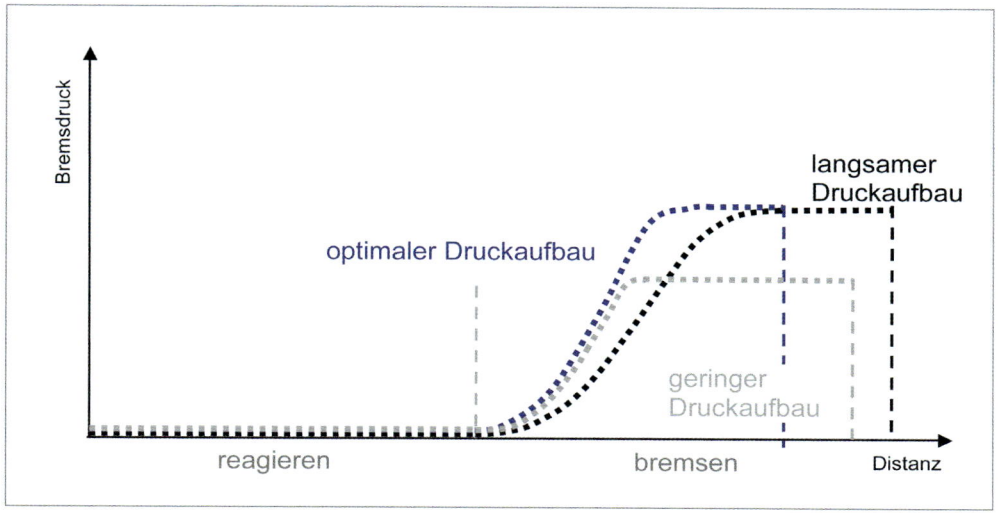

Zögerliches Bremsen verlängert den Anhalteweg, da sich der Bremsdruck nur langsam aufbaut. Ebenso schlecht ist zaghaftes Bremsen, da hier der Druck im Bremssystem zu gering bleibt. Deshalb bei Notbremsungen immer „voll in die Eisen".

Anhalteweg

Der Anhalteweg – also die Strecke, die das Fahrzeug zwischen dem Auftauchen eines Hindernisses und dem endgültigen Stillstand zurücklegt – ist die Summe aus Reaktions- und Bremsweg. Um beim Vergleich zwischen einem Fahrzeug, das mit 30 km/h fährt und einem mit Tempo 50 zu bleiben: Ersteres steht nach einem Anhalteweg von 13 Metern, zweites benötigt einen Anhalteweg von 26 Metern.

ANHALTEWEG BEI INNENSTADT-GESCHWINDIGKEITEN
bei 30 km/h: 13m Anhalteweg
(9m Reaktionsweg + 4m Bremsweg)
bei 50 km/h: 26m Anhalteweg
(15m Reaktionsweg + 11m Bremsweg)

Entgegen der weit verbreiteten Meinung macht es also durchaus einen Unterschied, ob man sich in einer Tempo-30-Zone an die Geschwindigkeitsbegrenzung hält oder ob man mit Tempo 50 durchrauscht – spätestens

dann, wenn sich in einer engen Straße die Tür eines geparkten Autos kurz vor einem öffnet oder im Wohngebiet ein Kind auf die Fahrbahn läuft.

Bei Notbremsungen gilt die Devise: Immer voll in die Eisen

Doch ungeachtet der physikalischen Zusammenhänge hat auch der Fahrer einen entscheidenden Einfluss darauf, nach wie viel Metern sein Fahrzeug bei einer Notbremsung zum Stehen kommt. Neben den menschlich so verständlichen Schwächen wie Unaufmerksamkeit, die den Reaktionsweg verlängert und einem leicht höheren Tempo, das den Bremsweg verlängert, haben wir uns alle auch ein falsches – sprich uneffektives – Bremsverhalten angewöhnt: Wir bremsen zu zaghaft!

Vorausschauendes Fahren wird uns schon in der Fahrschule eingetrichtert, und so gehen wir vor jeder Ampel rechtzeitig vom Gas, bremsen früh und gefühlvoll. Macht ja auch Sinn: Wer will schon die Fußgänger erschrecken und als Verkehrsrowdy angesehen werden? Auch unsere Mitfahrer reagieren auf abrupte

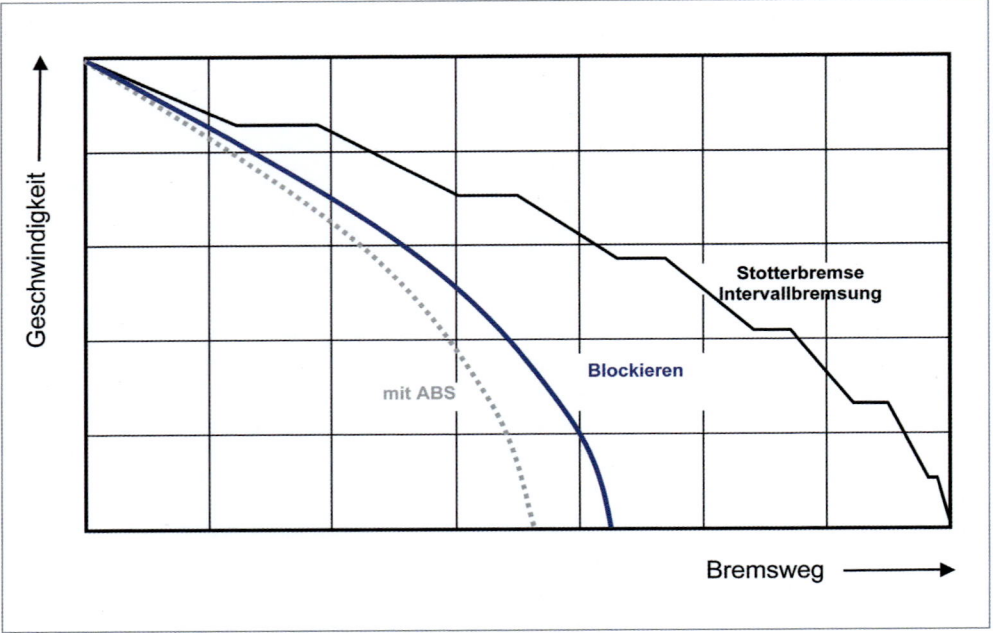

Den kürzesten Bremsweg hat man mit ABS, das den Reifen im idealen Bereich zwischen Haft- und Gleitreibung hält. Da dieser Bereich ohne ABS bei einer Notbremsung kaum exakt getroffen wird, und zwar schon gar nicht schnell und anhaltend, erzielen blockierende Reifen den zweitkürzesten Bremsweg. Finger weg vom Versuch, das ABS mit einer Stotterbremsung zu imitieren: Der Bremsweg verlängert sich dramatisch.

Bremsmanöver erschrocken bis ärgerlich, und selbst das Auto belohnt uns für einen sanften Fahrstil mit Zuverlässigkeit und geringerem Verschleiß.

Doch bei einer Notbremsung müssen wir das alles vergessen: „Voll in die Eisen", heißt jetzt die Devise – und zwar sofort und mit aller Kraft! Nur so wird der kürzest mögliche Bremsweg erreicht, da das Bremssystem dann von der ersten Sekunde an den vollen Bremsdruck aufbaut und man keine wertvollen Meter verschenkt. Dabei ist es vollkommen egal, ob das Fahrzeug über ein ABS verfügt oder nicht. Ob mit oder ohne Blockierverhinderer: Ein schneller, harter Tritt auf das Bremspedal verkürzt den Bremsweg in beiden Fällen.

Ebenso entscheidend für einen kurzen Bremsweg ist, dass das Bremspedal während der gesamten Notbremsung mit voller Kraft getreten wird. Denn nur so steht die höchstmögliche Bremsleistung zur Verfügung.

Und unterlassen Sie unter allen Umständen den Versuch, eine Stotterbremsung auszuprobieren: Diese in früheren Jahren als ideales Bremsmanöver proklamierte Technik ist purer Unsinn – verlängert sie den Bremsweg doch dramatisch.

Bei Fahrzeugen ohne ABS und gleichzeitig hoher Geschwindigkeit (jenseits der 100-km/h-Marke) beziehungsweise einer Fahrbahn, die zum Rand hin hängt (Fahrbahnneigung) kann es vorkommen, dass das Auto bei einer Vollbremsung instabil wird und ins Schlingern gerät. In diesem Fall: Die Bremse leicht lösen, bis die Lenkfähigkeit wiederhergestellt ist. Wenn das Fahrzeug dann wieder geradeaus fährt, die Vollbremsung fortsetzen.

Nicht vergessen: Kupplung treten

Idealerweise haben Sie während der Vollbremsung nun auch noch die Kupplung getreten, damit der Motor nicht abgewürgt wird. „Das ist doch vollkommen egal," werden Sie nun einwenden, „Hauptsache die Karre steht." So weit, so gut. Aber wo steht das Auto nach der Vollbremsung denn? Vielleicht am Stauende auf der Autobahn? Jetzt müssen Sie damit rechnen, dass nicht jeder der nachfolgenden Fahrer seine Notbremsung so perfekt hinbekommt wie Sie! Und wem knallt der dann ins Heck? Genau: Ihnen, als dem letzten Auto in der Schlange!

Wenn in so einer Situation der Motor abgewürgt ist, besteht keine Chance mehr zur Flucht. Läuft er aber noch, können Sie das Stauende auf dem Standstreifen verlassen oder notfalls auch in den Acker neben der Autobahn ausweichen. Also, nicht vergessen: Kupplung während der Notbremsung treten!

Richtig schalten

Ob manuelles Getriebe oder Automatik, die Aufgabe dieses Bauteils ist immer die Gleiche: die Motordrehzahl an die gefahrene Geschwindigkeit sowie die Fahrsituation anzupassen. Und schalten haben wir alle bereits in der ersten Fahrstunde gelernt – schließlich geht ohne das Einlegen des ersten Gangs gar nichts. Und mit den Jahren ist uns die Handbewegung in Fleisch und Blut übergegangen – wozu also noch ein Wort darüber verlieren?

Eben weil uns das Schalten so vertraut ist, dass wir es unbewusst machen – ohne einen Gedanken daran zu verschwenden, was wir nun eigentlich tun. Und das ist schade, schließlich ermöglicht erst das optimale Zusammenspiel zwischen Gasfuß und eingelegter Übersetzungsstufe das Ausnutzen des vollen Potenzials unseres Autos. Doch da wird einiges falsch gemacht.

Jeder Fahrer hat es selbst in der Hand: Das richtige Schalten entscheidet über Fahrleistung und Verbrauch.

Kavalierstart? Nein danke!

An der Ampel mit quietschenden Reifen loszujagen, ist eine beliebte Möglichkeit, dem auf der Nachbarspur stehenden „Innenstadt-Fittipaldi" zu zeigen, wo der Hammer hängt. Objektiv betrachtet, stellt der Kavalierstart nicht nur eine Belästigung der restlichen Verkehrsteilnehmer dar, sondern reduziert auch das Beschleunigungsvermögen des Autos.

Wieder einmal ist der Kontakt zwischen den Reifen und der Fahrbahn das Maß der Dinge – sobald die Reifen durchdrehen, verringert sich die Haftreibung, die übertragbaren Kräfte sinken. Optimale Beschleunigungswerte lassen sich so nicht erzielen, dafür steigen Reifenverschleiß und Spritverbrauch. Wer – beispielsweise beim Einfädeln in den fließenden Verkehr – auf schnellstmöglichen Geschwindigkeitsaufbau angewiesen ist, gibt genau so viel Gas, dass die Reifen an der Grenze zum Durchdrehen gehalten werden, ohne jedoch haltlos durchzudrehen. Die anschließenden Gangwechsel erfolgen zwar zügig, aber ebenso gefühlvoll – stark motorisierte Fahrzeuge schaffen es schließlich sogar im dritten Gang noch, die Räder durchdrehen zu lassen.

Der richtige Schaltpunkt

Die Frage, wann man in den nächsthöheren Gang schalten sollte, hängt von zwei Faktoren ab. Erstens: Was will ich als Fahrer? Zweitens: Was will der Motor? Prinzipiell ist man immer dann mit der richtigen Drehzahl unterwegs, wenn diese im Bereich zwischen dem Wert liegt, an dem das maximale Motordrehmoment anliegt, und jenem, an dem der Motor seine Höchstleistung abgibt.

Will ich als Fahrer dabei möglichst sparsam von A nach B kommen, werde ich mich vorwiegend im unteren Bereich dieses Drehzahlbands aufhalten und frühzeitig hochschalten.

Wer schon vor der Kurve runterschaltet und dann die ideale Linie einschlägt, ist schnell und sicher unterwegs.

Ist dagegen – beispielsweise beim Überholen – die volle Motorleistung gefragt, werde ich die einzelnen Gänge voll ausdrehen, um so die Höchstleistung des Motors abzurufen.

Und jetzt kommt die Charakteristik des Motors ins Spiel. Das eine Triebwerk liebt nämlich hohe Drehzahlen und jubelt fröhlich bis in den „roten Bereich" des Drehzahlmessers hinein, einem anderen Motor kann dagegen schon deutlich früher die Puste ausgehen – entsprechend werde ich meinen Schaltpunkt wählen und passend zum Charakter des Triebwerks die Fahrstufen wechseln.

Der Motor – die zweite Bremse

Was im Fahralltag oft vergessen wird: Durch frühzeitiges Zurückschalten werden die Bremsen des Autos in ihrer Arbeit unterstützt. Gerade lange Bergabfahrten stellen extreme Anforderungen an die Dauerbelastbarkeit der Bremsen. Da macht es durchaus Sinn, sie durch Ausnützen der Motorbremswirkung zu entlasten. Das gilt übrigens ebenso beim Anbremsen einer Kurve; auch hier unterstützt das Zurückschalten die Bremsen. Gleichzeitig ist dann in der Kurve bereits der geeignete Gang eingelegt, um wieder herauszubeschleunigen (siehe auch Diagramm, Seite 60).

Aktiv mit Automatik

Auch ein Automatikgetriebe verdammt seinen Fahrer nicht vollständig zur Untätigkeit. Moderne Schaltautomaten lassen im Prinzip die gleichen manuellen Eingriffsmöglichkeiten zu wie ein Schaltgetriebe. Auch hier ist es – innerhalb gewisser Grenzen – möglich, die Übersetzungsstufen manuell vorzuwählen. Die Elektronik moderner Automatikgetriebe übersteuert allerdings immer dann die Aktivitäten des Fahrers, wenn sie nicht mit den vorprogrammierten Sollwerten des Elektronengehirns übereinstimmen.

Der Sinn dahinter: Fehlbedienungen – wie zu frühes Zurückschalten und ein damit

Handeln aus dem Unterbewusstsein: Das Auto fährt tendenziell immer in die Richtung, in die der Fahrer blickt.

verbundenes Überdrehen des Motors beziehungsweise Blockieren der Antriebsräder – sollen vermieden werden.

Blickführung:
Statik und Dynamik

Die wichtigsten Sinnesorgane, mit denen sich der Autofahrer im Verkehrsgeschehen orientiert, sind seine Augen. Dabei kommen diesen zwei wesentliche Aufgaben zu. Zum einen natürlich das aufmerksame Beobachten des Verkehrsgeschehens, um Hindernisse oder Gefahrensituationen möglichst frühzeitig zu erkennen. Zum zweiten entscheidet die Blickführung aber auch ganz wesentlich darüber, wo man hinfährt.

Versuchen Sie doch einmal geradeaus zu gehen, dabei den Kopf zur Seite zu wenden und über die Schulter zu blicken. Der Effekt: Sie werden – ohne es zu wollen – vom eingeschlagenen Geradeauskurs abweichen und zu der Seite hin abdriften, in die sie sehen. Und genau dieser Effekt tritt auch beim Autofahren auf: Man fährt tendenziell immer in die Richtung, in die man schaut.

Dieses unterbewusste Handeln sollte auch bei der Blickführung während des Fahrens berücksichtigt werden. Geht es geradeaus, ist es wichtig, auch nach vorne zu sehen. Lenke ich eine Kurve, sollte die Hauptblickrichtung in die Kurve hineingehen, keinesfalls zu deren Außenrand. Im Detail wird auf die richtige Blickführung in den folgenden Kapiteln noch eingegangen, schließlich hängt sie ganz wesentlich vom Verkehrsgeschehen ab.

Interessant ist aber auf jeden Fall auch das, was ich nicht sehe. Egal, ob auf der Autobahn, der Landstraße oder im Stadtverkehr: Wer seinen Blick starr auf die Rücklichter des Vordermanns richtet, verschafft sich nie einen umfassenden Überblick über das gesamte Verkehrsgeschehen. Was tut sich vor dem Auto vor mir? Was passiert rechts und links am Straßenrand? Und gibt es da vielleicht noch einen Verkehrsteilnehmer hinter mir? All diese

Die wichtigsten Sinnesorgane sind beim Autofahren die Augen. Besonders bei der Kurvenfahrt wird das deutlich, denn man fährt stets dorthin, wohin man den Blick richtet.

Wenngleich die Augen das beim Fahren meist geforderte Sinnesorgan sind, sollten wir uns aber nicht ausschließlich auf sie verlassen. Schließlich hört man beispielsweise das Martinshorn eines Einsatzfahrzeugs hoffentlich lange, bevor man es sieht – das ist ja auch der Sinn des eindringlichen Geheuls.

Darüber hinaus steht dem Autofahrer noch ein weiteres, untrügliches Sinnesorgan zur Verfügung: Das „Popometer". Was das Fahrzeug gerade macht, kann letztendlich nur erfühlt werden ...

Fragen müssen uns während der Fahrt permanent interessieren. Also wird jeder Fahrer versuchen, so viele optische Reize wie möglich aufzunehmen – dazu gehört auch der regelmäßige Blick in den Rückspiegel!

Kurvenfahrt

Es gibt kaum ein Thema, über das Autofahrer so vorzüglich streiten können wie die Frage,

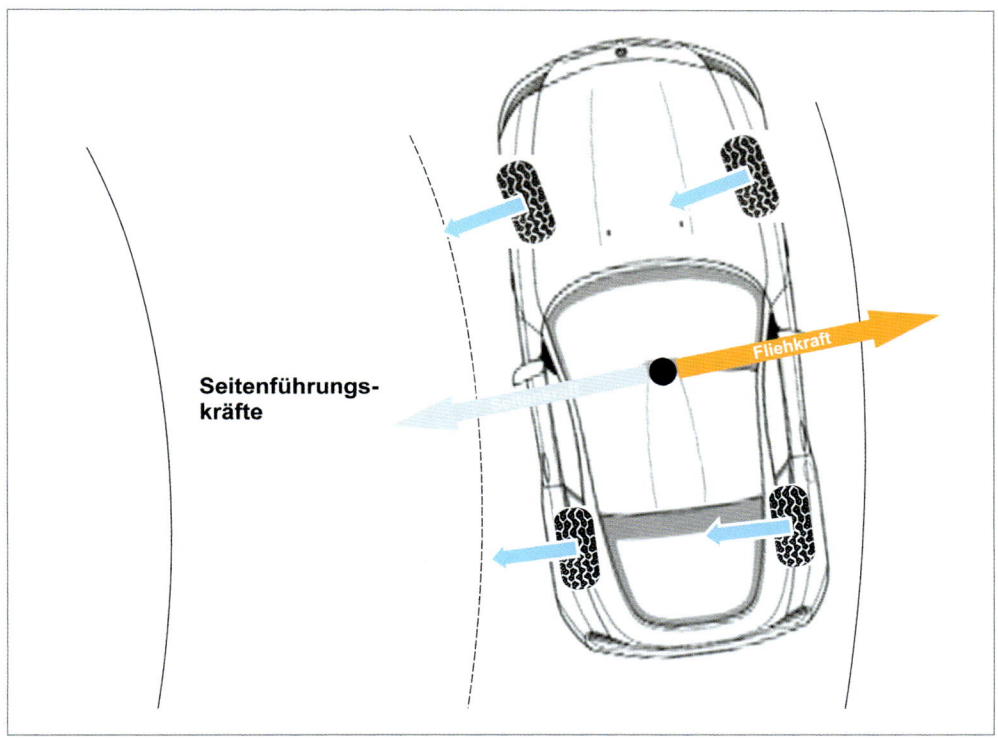

In der Kurve sind die Seitenführungskräfte der Reifen gefragt. Deshalb immer dort fahren, wo die Straße griffig ist.

KURVENGRUNDSATZ NUMMER 1:
Traktion ist wichtiger als die gefahrene Linie.

wie denn nun eine Kurve „optimal genommen" wird. Dafür gibt es viele Gründe: Der erste wesentliche ist, dass keine Kehre der anderen gleicht. Entsprechend unterscheiden sich die Wege, auf denen man eine Kurve durchfährt. Ebenso entscheidend ist die Charakteristik des Fahrzeugs – Leistung und Fahrverhalten bestimmen die optimale Linie. Wichtig ist aber auch der Fahrbahnzustand: Wenn auf der (theoretisch) besten Linie die Fahrbahn besonders nass ist oder hier beispielsweise Schotter liegt, wird sie schnell zur schlechtesten aller denkbaren Kurvenlinien.

Traktion geht vor Linie
Traktion hat oberste Priorität, ist der Grundsatz Nummer eins, den es stets zu beherzigen gilt. Nehmen wir zur Veranschaulichung ein Beispiel aus der tagtäglichen Fahrpraxis: Es hat geregnet und die Fahrbahn beginnt abzutrocknen – zu allererst natürlich auf der Linie, auf der bereits die meisten Fahrzeuge gefahren sind. Und wie sieht das in der Praxis aus? Vorneweg ein Lkw und dahinter der restliche Verkehr im Gänsemarsch. Weder der Brummifahrer wird auf der Ideallinie unterwegs gewesen sein (der nützt vielmehr die gesamte Fahrbahnbreite aus), noch die Mutter mit den Kindern und auch nicht der genervte Vertreter.

Jetzt kommen Sie des Wegs und haben die Alternative, entweder dieselbe Linie wie alle vor Ihnen auf abgetrocknetem Asphalt zu

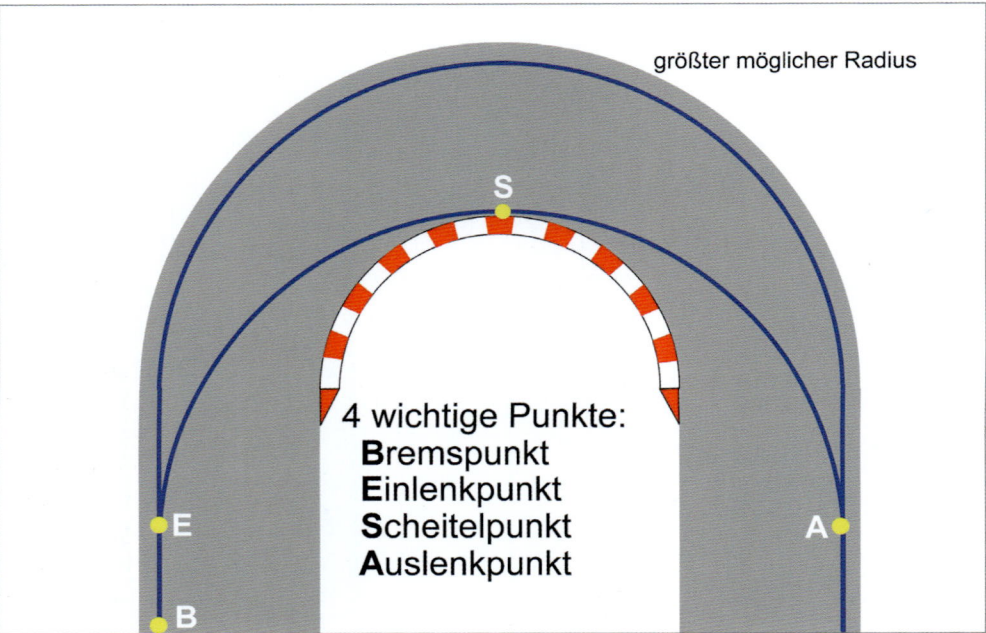

größter möglicher Radius

4 wichtige Punkte:
Bremspunkt
Einlenkpunkt
Scheitelpunkt
Auslenkpunkt

Bei der klassischen Ideallinie – die der Rennstrecke vorbehalten bleibt – wird der größtmögliche Kurvenradius gefahren. Dieser wird jedoch vom Kurvenaußenrand zur Innenseite der Kehre verlegt, wodurch sich die Gesamtlänge der gefahrenen Strecke verkürzt. Was unter dem Strich einen Zeitvorteil und damit bessere Rundenzeiten bringt.

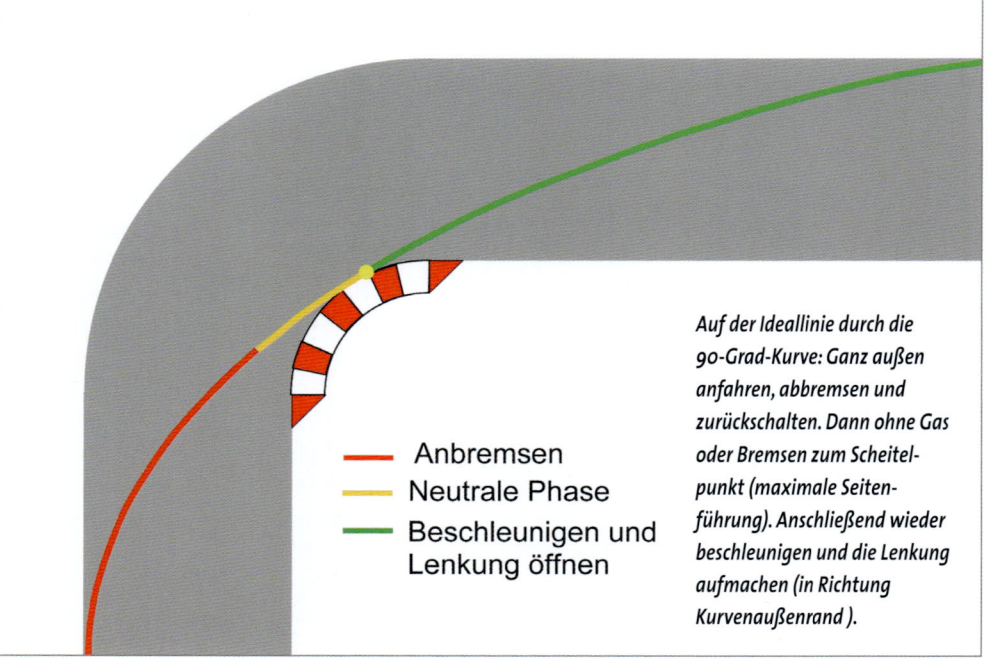

— Anbremsen
— Neutrale Phase
— Beschleunigen und Lenkung öffnen

Auf der Ideallinie durch die 90-Grad-Kurve: Ganz außen anfahren, abbremsen und zurückschalten. Dann ohne Gas oder Bremsen zum Scheitelpunkt (maximale Seitenführung). Anschließend wieder beschleunigen und die Lenkung aufmachen (in Richtung Kurvenaußenrand).

fahren oder die Kurve auf der nassen Ideallinie zu nehmen. Und da dürfen Sie sicher sein, dass Sie der höhere Reibwert auf der trockenen Linie nicht nur schneller, sondern auch sicher durch die Kurve bringt. Und die Faustregel „Traktion geht vor Linie" gilt natürlich auch bei allen anderen „Schmiermitteln" auf der Fahrbahn – sei es Schotter, Schnee, Rollsplitt, Diesel, Öl oder eine andere Gemeinheit!

Die ideale Linie

Gehen wir nun davon aus, dass die Fahrbahn trocken und sauber ist, können wir uns eine eigene Linie für die Kurvenfahrt suchen. Dann ist es bei allem Spaß am Autofahren unabdingbar, sich selbst immer vor Augen zu halten, wo man ist: Nämlich auf einer öffentlichen Straße und nicht auf der Rennstrecke. Daraus resultiert der zweite Grundsatz: Kurven schneiden ist tabu – uns steht

Merkmale der klassischen Ideallinie

- größtmöglicher Radius
- Lenkeinschlag so gering wie möglich
- möglichst wenig Lenkkorrekturen
- möglichst konstante Kurvengeschwindigkeit
- Vermeidung von Unter- und Übersteuern

ausschließlich die rechte Fahrbahnseite zur Verfügung. Das schreibt nicht nur der Gesetzgeber so vor, sondern auch die Vernunft.

Trotzdem bleibt zum Finden der eigenen Kurvenlinie noch genügend Spielraum – schließlich sind die Fahrspuren auf Bundesstraßen rund 3,5 Meter breit, während ein Auto in der Regel rund 1,8 bis 1,9 Meter in der Breite misst. Und dieser Platz links und rechts vom Fahrzeug will optimal genutzt werden.

Klassischer Ideallinien-Fahrfehler: Wer zu früh einlenkt, bekommt in der zweiten Hälfte der Kurve massive Probleme.

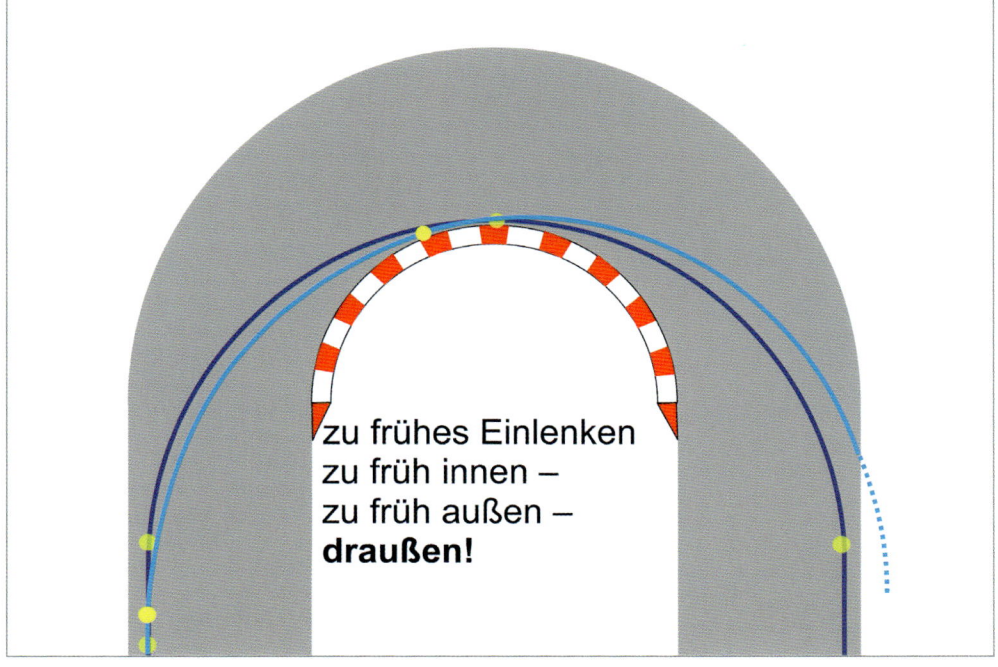

zu frühes Einlenken
zu früh innen –
zu früh außen –
draußen!

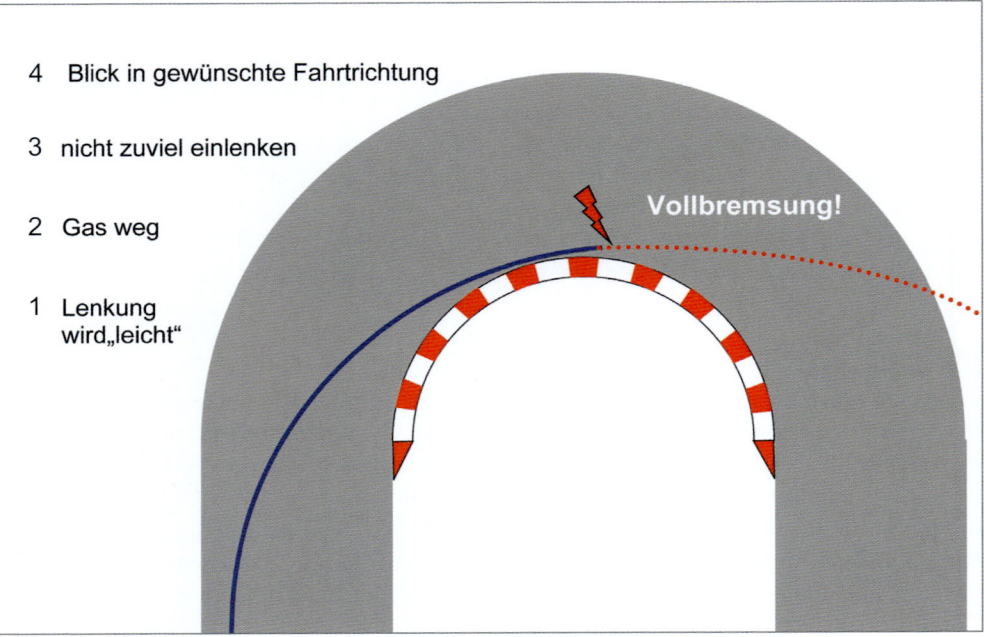

4   Blick in gewünschte Fahrtrichtung

3   nicht zuviel einlenken

2   Gas weg

1   Lenkung wird „leicht"

Vollbremsung!

Egal, ob einfach zu schnell in der Kurve oder die falsche Linie gewählt: Sobald die Überzeugung reift, dass die Straße ausgeht, voll in die Eisen und so viel Geschwindigkeit abbauen wie möglich! Niemals mit dem Auto kämpfen, sondern – wenn möglich – unter voller Ausnützung der Straßenbreite den Weg zurück auf den richtigen Kurs suchen.

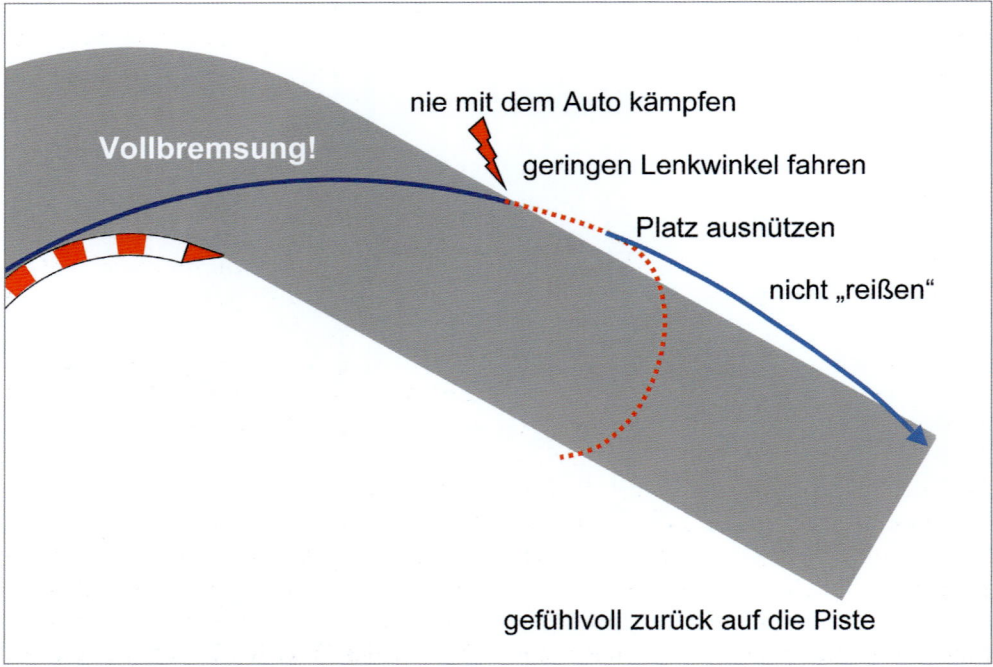

Vollbremsung!

nie mit dem Auto kämpfen

geringen Lenkwinkel fahren

Platz ausnützen

nicht „reißen"

gefühlvoll zurück auf die Piste

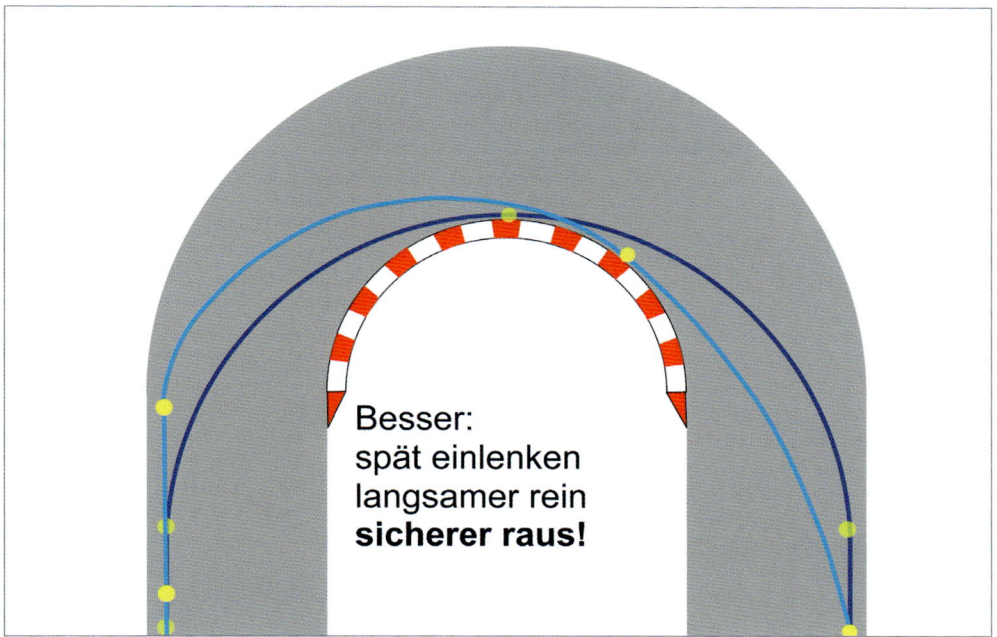

Das Prinzip der Sicherheitslinie (hellblau): Durch das spätere Einlenken wird der Kurvenradius im ersten Teil enger; die Geschwindigkeit ist hier geringer als bei der klassischen Ideallinie (dunkelblau). Der Scheitelpunkt liegt näher am Kurvenausgang, und auch der Auslenkpunkt verschiebt sich in Richtung Kurvenende.

Klassische Ideallinie

Sie ist die älteste aller Ideallinien, und ihre Beherrschung bescherte Generationen von Rennfahrern ihre Triumphe. Die klassische Ideallinie hat aber einen ganz gravierenden Nachteil: Sie hat auf öffentlichen Straßen keine Gültigkeit! Um zu verstehen, warum das so ist, sollten wir uns diese Kurvenlinie einmal näher ansehen. Der Grundgedanke dabei ist, eine weite Kurve mit einer höheren Geschwindigkeit durchfahren zu können als eine enge Biegung. Bei der klassischen Form der Ideallinie wird folglich der Kurvenradius so groß wie möglich ausgefahren, um viel Geschwindigkeit auf die folgende Gerade mitzunehmen.

So weit, so gut. Doch wer zu früh einlenkt, bekommt die Tücken der klassischen Ideallinie zu spüren: „Zu früh innen – zu früh außen – draußen!", kann man sich als Merksatz einbläuen. Im Gegensatz zur Rundstrecke, bei

der sich jeder Fahrer im Lauf des Trainings erst langsam an jede Kurve herantastet – und damit genau weiß, wo der Scheitelpunkt liegt –, hat man es im Straßenverkehr mit immer neuen und unbekannten Kehren zu tun. Entsprechend hoch ist das Risiko, zu früh einzulenken und damit den Scheitelpunkt zu weit vorne anzusetzen. Und schon ist es geschehen: Man driftet am Kurvenende (Auslenkpunkt) automatisch zu weit in Richtung Kurvenaußenseite – und hier wartet kein Kiesbett auf Otto Normalfahrer, sondern im schlimmsten Fall der Gegenverkehr.

Sicherheitslinie als Ideallinie

Um die Gefahren der klassischen Ideallinie zu vermeiden, hat sich im öffentlichen Straßenverkehr die Sicherheitslinie durchgesetzt. Dabei wird später eingelenkt, wodurch der Kurvenradius im ersten Teil der Kurve enger

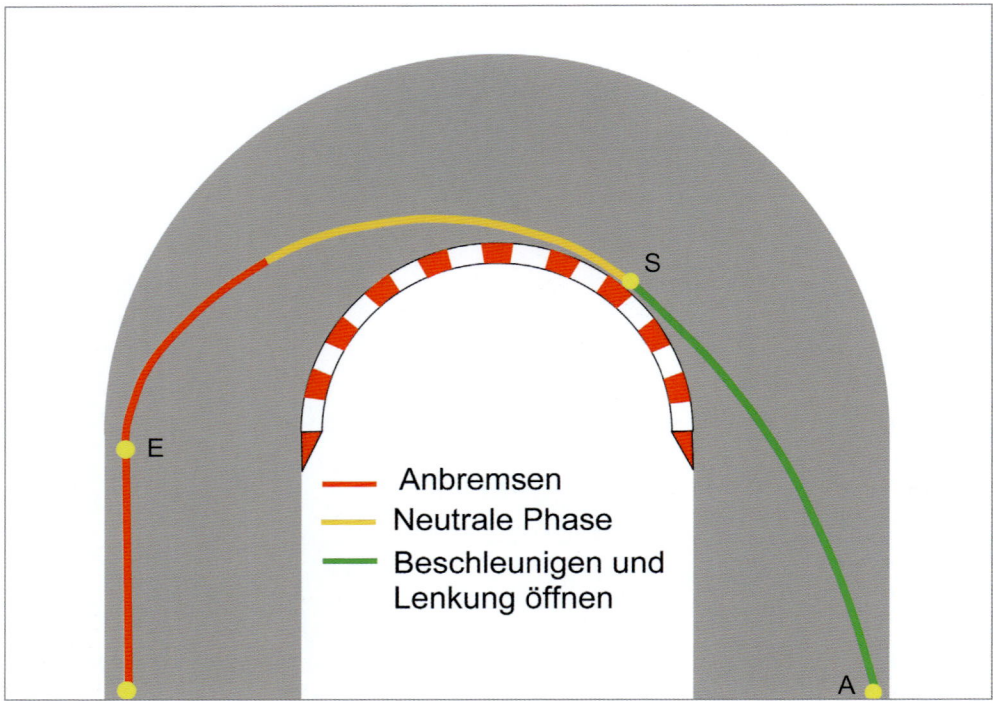

1. Anbremsphase: Das Auto befindet sich noch weitgehend in Geradeausfahrt. Die Geschwindigkeit wird bis zum Einlenk-punkt (E) reduziert, der „richtige" Gang eingelegt und wieder eingekuppelt.

2. Einlenkphase zum Scheitelpunkt (S): Nun wird weich und progressiv bis zum Scheitelpunkt eingelenkt. Dabei fährt das Auto mit konstanter Geschwindigkeit leicht „unter Zug".

3. Phase: Beschleunigen und Lenkung öffnen. Ab dem Scheitelpunkt wird der Auslenkpunkt (A) am Kurvenausgang sicht-bar. Nun kann die Lenkung geöffnet (weiches Zurücklenken) und gleichmäßig beschleunigt werden.

und die gefahrene Geschwindigkeit entspre-chend reduziert wird. Der Scheitelpunkt wandert in Richtung Ende zweites, Anfang drit-tes Kurvendrittel. Entsprechend verschiebt sich auch der Auslenkpunkt weiter ans Kurvenende.

Vorteile der Sicherheitslinie
Durch das späte Einlenken bleibt man am Kurveneingang länger auf der Kurvenaußen-seite – mit dem Vorteil, dass man weiter in den Kurvenverlauf hineinsieht. Dadurch kann man sich einen besseren Eindruck vom Charakter der Kurve machen und eventuell auftretende

Hindernisse früher erkennen. Gleichzeitig erkennt der Fahrer schon jetzt, ob er zu schnell ist, und kann so frühzeitig zu „zaubern" begin-nen, um die Situation zu retten.

So verschafft die Sicherheitslinie dem Fahrer insgesamt mehr Zeit für seine Reaktio-nen sowie ein Plus an Reserven (sprich: Platz), um einen Fahrfehler auszugleichen.

Sicherheitslinie – Blickführung
Wie bei jeder Kurvenfahrt gilt auch hier, dass der Blick des Fahrers dorthin gerichtet sein muss, wohin er das Fahrzeug lenkt. Das bedeu-

tet konkret: Während der Anbremsphase wird der Einlenkpunkt im Auge behalten. Anschließend bestimmt der Scheitelpunkt die Blickrichtung. Da dieser aber nicht in jeder Kurve bereits beim Einlenken zu sehen ist, weil beispielsweise Sträucher den Blick versperren, richtet der Fahrer seine Aufmerksamkeit dorthin, wo er den (fiktiven) Scheitelpunkt vermutet. Hat er diesen passiert, wendet sich der Blick zum Kurvenausgang und in Richtung der folgenden Geraden, respektive zur nächstfolgenden Kurve.

Die Sicherheitslinie verschafft dem Fahrer mehr Zeit für seine Reaktionen. Er kann so Fahrfehler leichter korrigieren.

Sicher fahren

Gefahrensituationen im Vorfeld erkennen

W er sich in Gefahr begibt, kommt darin um ...", sagt der Volksmund. Soweit sollte es vor allem im Straßenverkehr natürlich nicht kommen. Und eigentlich wollen wir uns und andere ja auch nicht verletzen. Die einfachste Schlussfolgerung: Wir sollten uns erst gar nicht in Gefahr begeben. Also nicht ans Steuer setzen, zu Hause bleiben? Das wäre nun auch nicht ideal: Autofahren gehört zu unserem täglichen, modernen Leben. Wir wollen von A nach B kommen. Und das birgt, wie überhaupt die Teilnahme am Straßenverkehr (ob mit oder ohne Auto) immer ein gewisses Risiko.

Allerdings gibt es Mittel und Wege, dieses Risiko zu einem großen Prozentsatz zu minimieren. Für unseren Teil – den des Autofahrers – heißt das: hohe Konzentration und Aufmerksamkeit am Lenkrad. Bewusstes Fahren, wie wir das ja bereits im vorhergehenden Kapitel unter dem Aspekt der Blickführung angesprochen haben, ist selbst in offenbar entspannten Phasen oberste Maxime. Denn Unfallgefahren lauern immer und überall – wenn wir sie nur früh genug erkennen und als solche einschätzen, sind wir schon auf dem größten Teil der sicheren Seite.

Grundsätzlich geht das Gefahrenpotenzial von drei Quellen aus:

1. uns selbst
2. anderen Verkehrsteilnehmern
3. Straßenzustand und Witterung

1. Selbsteinschätzung

Zunächst einmal sollte man sich vor jeder Fahrt – vor allem einer langen, beispielsweise in den Urlaub – selber kritisch einschätzen: Bin ich eigentlich körperlich fit genug? Wer übermüdet, krank oder von einem Feier-Abend zuvor noch nicht erholt ist, sollte sich erst gar nicht hinters Lenkrad setzen. Lässt sich die Fahrt unter keinen Umständen vermeiden, sollten Sie sich bewusst machen, dass Ihre Reaktionsfähigkeit stark eingeschränkt ist: Kalkulieren Sie mehr als die Standard-Sekunde für sämtliche Aktionen wie Notbremsungen oder Ausweichmanöver ein. Machen Sie bei längeren Fahrten öfters eine Pause.

Zweite Frage: Kann ich mich wirklich auf das Autofahren, den Verkehr konzentrieren? Wer just berufliche oder private Probleme wälzt, ist in seiner Wahrnehmung und Reaktion ebenfalls eingeschränkt. Der Dialog im eigenen Kopf ist für die aktive, bewusste Teilnahme am Straßenverkehr ebenso tabu wie eine hitzige Diskussion mit Mitfahrer(n).

2. Andere Verkehrsteilnehmer

Die nächste Gefahrenquelle geht von anderen Verkehrsteilnehmern aus. Konzentriertes Autofahren heißt daher ebenfalls: für andere mitdenken, ihnen grundsätzlich misstrauen, ihr Verhalten einschätzen, ihre Reaktionen vorausahnen und die eigenen darauf programmieren ... Das hört sich kompliziert an, lässt sich aber mit einfachen mentalen Übungen trainieren.

Was wäre wenn?

Faustregel für das mentale Training: Beim Fahren – egal wo und mit welchem Tempo – sollten Sie Ihre Umgebung permanent abscannen! Sie müssen in jeder Sekunde wissen, was vor, neben und hinter ihnen geschieht und wer sich dort bewegt oder steht.

Ob beim Fahren in der Tempo-30-Zone, beim Passieren einer Hofeinfahrt in der Stadt, einer Straßeneinmündung, beim Vorbeifahren an einem versteckten Feldweg auf der Landstraße oder aber beim Überholen einer Lkw-Kolonne auf der Autobahn – führen Sie sich immer wieder mal eine unvorhergesehene Situation vor Augen, in der Sie spontan reagieren müssen: Einem Ball, der zwischen zwei geparkten Autos in der 30-km/h-Straße hervorspringt, könnte vielleicht ein Kind hinterherlaufen. Aus der Hofeinfahrt könnte ein Fahrradfahrer schießen. Aus der unübersichtlichen Straßeneinmündung entlang der Vorfahrtstraße biegt vielleicht plötzlich ein

Der gute Rat: Achtung Nebenwirkungen!

Wer aufgrund einer akuten oder längerfristigen Erkrankung Medikamente einnehmen muss, sollte den Beipackzettel sorgfältig lesen. Und die entsprechenden Hinweise sollte man unbedingt ernst nehmen. Im Zweifelsfall gilt die Prämisse: Erst gar nicht hinter's Lenkrad setzen!

Der gute Rat: Immer mit der Ruhe!

Faustregel: Nur wer sich zu hundert Prozent auf den Verkehr konzentriert, kann Risiken richtig einschätzen und entsprechend schnell reagieren. Und dazu gehört auch ein gerüttelt Maß an Entspannung und Gelassenheit.

Achtung beim Einparken! Schnell kann ein unachtsamer Fußgänger hinter dem Auto auftauchen!

Vor allem in Stadtverkehr gilt es, ausreichend Abstand zum Vordermann zu halten.

In Tempo-30-Zonen ist das Gefahrenpotenzial durch Fußgänger besonders hoch. Also Tempo einhalten!

unkonzentrierter Fahrer ein. Aus dem Feldweg tuckert ganz unbedarft ein Bauer mit dem Traktor. Oder der letzte Lastwagen in der Kolonne schert plötzlich auf die linke Autobahnspur aus, weil der Brummifahrer Ihr Auto im Rückspiegel übersehen hat. Stellen Sie sich konkret vor, wie Sie in diesem Moment reagieren würden. Und überlegen Sie dann, was hätte passieren können – ob es also die richtige Reaktion war. Die Faustregel dazu: Bremsen oder ausweichen.

Sind Sie, nach der Lektüre unseres Buchs oder (besser: und) aufgrund eines absolvierten Fahrsicherheitstrainings überzeugt, dass Sie richtig reagiert hätten, „programmieren" Sie diese Reaktion nachhaltig in Ihr Unterbewusstsein ein und rufen Sie es gelegentlich wieder in Ihr Gedächtnis. Denn dann werden Sie dieses gespeicherte Programm in der realen Situation automatisch abspulen – und dank dessen die entscheidenden Zehntelsekunden zur Unfallverhütung gewinnen.

Achtung! Ein unkonzentrierter Fahrer der rechten Spur könnte spontan nach links ausscheren, um den Lkw reinzulassen.

Im Zweifelsfall: Fuß vom Gas

Vor allem im Stadtverkehr gibt es immer wieder Situationen, in denen man mit dem Auto vor sich hin „rollt", sprich: momentan weder beschleunigt noch bremst. Gerade in solch vordergründig entspannten Situationen empfiehlt es sich aber, so der BMW-Fahrsicherheitstrainer Frank Isenberg, „den rechten Fuß über dem Bremspedal zu halten, bremsbereit zu sein". Der Faustregel entsprechend, sich mit seinem Tempo immer auf die jeweilige Umgebung einzustellen (was in der StVZO übrigens als „angepasste Geschwindigkeit" festgeschrieben steht), sollte man im Zweifelsfall ohnehin lieber zu langsam als zu schnell fahren: Erinnern Sie sich noch an die Formel für das Verhältnis von Geschwindigkeit zu Anhalteweg? Klar: Zum Stehen kommen Sie immer. Fragt sich eben nur, wann – rechtzeitig?!

Schaut schön ruhig aus ... Aber hinter den geparkten Autos könnte plötzlich ein Radfahrer herausflitzen.

3. Straßenzustand und Witterung

Eine potenzielle Unfallgefahr geht zudem von der Straße selbst aus, genauer gesagt von deren Beschaffenheit, sowie den Witterungs-

Hinter dem roten Ball taucht mit Sicherheit gleich ein Kind auf, das ihm spontan hinterherrennt.

Achtung, bremsbereit sein! Diese Kinder verschwenden momentan keinen Gedanken an den Straßenverkehr.

verhältnissen – wie das bereits im Kapitel „Grundlegende Fahrtechniken" kurz angesprochen wurde.

Unter dem Oberbegriff „Vorausschauend fahren" verstehen wir nicht nur das Abscannen der Umgebung und den konzentrierten Fernblick auf den Straßenverlauf, sondern auch das „Lesen" des Fahrbahnbelags. Einfach ist es bei trockener Straße: Der Asphalt ist in der Regel hell und matt, was uns gute, weitestgehend unproblematische Reibwerte verspricht. Dunkler und glänzender Asphalt deutet auf eine feuchte Straße hin. Logisch, wenn es regnet oder geregnet hat – werden Sie jetzt sagen. Denken Sie dabei aber auch an Waldstücke, Alleen oder schattige Abschnitte die nach dem Regenguss langsamer abtrocknen. Ebenso an den kurzen Asphaltstreifen neben dem malerischen Wasserfall auf der Passstraße in den Bergen: Besagtes Naturschauspiel oder das Panorama der Landschaft

Tempo runter, bremsbereit! Hinter dem geparkten Wagen könnte plötzlich dessen Fahrer oder ein Fußgänger auftauchen.

lenkt Ihren Blick von dieser kritischen Stelle ab, die im Frühjahr oder Herbst auch bei Sonnenschein vereist sein kann! Und wenn Sie nun mit den Rädern über die feuchte/vereiste Stelle drüberrutschen oder just auf dem Bremspedal „stehen", gerät das Auto plötzlich und unerwartet innerhalb eines Wimpernschlags aus der Spur. Es sei denn, Sie entschärfen diese Situation dank Ihres aufmerksamen Vorausblicks: indem Sie den Fuß von Gas oder Bremse genommen haben.

Ein weiteres Augenmerk muss den vielen kleinen Unwägbarkeiten auf dem Weg gelten, die Ihr Auto aus der Spur bringen oder es beschädigen können. Dazu gehören beispielsweise Schlaglöcher, Schotter, Splitt, Kuhfladen, Dreckbrocken aus den Traktorreifen, ein leichter Diesel- oder Ölfilm (glänzend, farbig), Laub und ähnliche Gemeinheiten. In Waldstücken haben Sie ein Auge auf die Lücken zwischen den Bäumen: Vor allem in der Dämmerung

Ist die Straße regennass, Fuß vom Gas! In der Gischt des vorausfahrenden Wagens ist die Sicht fast null.

kann hier unerwartet Wild auf die Straße springen. Eine Situation, in der es sich lohnen kann, nach dem Vorsatz „Lieber einen Tick langsamer fahren und bremsbereit sein" unterwegs zu sein.

Auf Uferstraßen oder Hafenmolen muss man immer wieder mit einer nassen Fahrbahn rechnen. Tempo runter!

Auch wenn die verschneite Bergstraße offensichtlich geräumt wurde – in manchen Passagen lauern tückische Eisplatten.

„Nass, Fuß vom Gas" – die Empfehlung gilt nicht nur auf verregneter Straße, sondern auch und vor allem in jenen Jahreszeiten außerhalb des Sommers, in denen der Straßenbelag geringe Reibwerte aufweisen kann. Im Herbst, im Winter sowie in der Übergangszeit zum Frühjahr. Die Stichworte Laub, Nebel, Raureif, Schnee und Eis sollten da genügen, um Ihre Sinne zu schärfen.

Nebel und Regen bergen zudem noch die Gefahr der teilweise bis komplett einge-schränkten Sicht – was eine gefühlsmäßig voraussschauende Fahrweise und antizipierte Reaktion auf mögliche Gefahren erst recht erfordert. Die Gischt von Regen und Schnee-matsch begrenzt den Weitblick; der Schmutz auf der Scheibe schränkt das Sichtfeld ein, die Morgen- und Abenddämmerung sorgt eben-falls für eine reduzierte Voraussicht und verlangt zudem Höchstleistungen von den Augen (was auf Dauer wiederum zu Konzen-trationsschwächen führen kann); die Reflekti-on der Scheinwerfer entgegenkommender Fahrzeuge auf dem dunklen, nassen und glän-zenden Asphalt schränkt die Sicht ebenfalls drastisch ein und blendet „Randerscheinun-gen" wie dunkel gekleidete Fußgänger im wahrsten Wortsinn aus.

Und so sollten Sie vor allem in diesen kritischen Jahreszeiten und unter schlechten Witterungsbedingungen mit erhöhter Kon-zentration sowie reduzierter Geschwindigkeit fahren. Ganz getreu dem obersten Motto, auf das jeder Autofahrer programmiert sein sollte: „Es ist unwichtig, ob man schnell ankommt, sicher und unbeschadet sollte es sein ...".

Abstand halten!

Gefahrensituationen erkennen

Selbsteinschätzung
• Bin ich fit?
Gefahrenpotenzial: Übermüdung, Erkältung etc.
Bei Medikamenteneinnahme: Beipackzettel
ernst nehmen, Auto stehen lassen!
• Bin ich konzentriert?
Gefahrenpotenzial:
„Mit den Gedanken woanders"

Verkehrsgeschehen, andere Verkehrsteilnehmer
• Analysieren, was ich nicht klar erkennen kann
• Umgebung abscannen
• Verhalten anderer kritisch einschätzen
• Reaktionen vorausahnen
• eigene Reaktionen programmieren

Mentales Training
• Bereit zum Bremsen
• Bereit zum Ausweichen
• Situationen in Gedanken durchspielen

Straßenzustand und Witterungsbedingungen
• Matter Asphalt: Trocken
• Glänzender Asphalt:
Feucht, nass, leicht vereist, Vorsicht in Waldstü-cken, Alleen, schattigen Passagen, auf Brücken, unter Bäumen (ausfallender gefrorener Nebel)
• Störfaktoren/Hindernisse
Schlaglöcher, Steinchen, Schotter, Splitt, Kuh-fladen, Ackerbodenlehm, Dieselfilm, Laub, Wild-wechsel, Eis, Schnee, Matsch, Regen, Raureif

Eingeschränkte Sicht
Gischt, Nebel, starker Schneefall, Dämmerung, Blenden durch Gegenverkehr

Ganz schön dicht, der Verkehr heutzutage: Ob in der Stadt, auf der Landstraße oder der Auto-bahn – eine respektvolle Distanz zwischen den Fahrzeugen ist selten geworden. „Immer schön dranbleiben, bloß den Anschluss nicht verlieren, aufschließen, dann passen auch

mehr Autos gleichzeitig auf die Straße", scheint die Devise vieler Fahrer zu sein. Im Stau sowie im Kolonnenverkehr mit Schnecken- tempo mögen wir das ja noch durchgehen lassen. Doch sobald es etwas zügiger weiter- geht, sollte der Abstand zur hinteren Stoß- stange des Vordermanns sukzessive größer werden. Weil sich damit die Gefahr des Auffahrunfalls reduziert. Der hält sich übri- gens seit Jahren hartnäckig auf Platz drei in der Rangfolge der Hauptunfallursachen.

Ach, Sie sehen ja, wenn die Bremslichter Ihres Vorfahrers aufleuchten? Weil Sie das ja im Voraus ahnen und sein Heck dauernd im Visier haben? Fein, umso schneller treffen Sie dieses Ziel bei seiner Notbremsung – das wissen Sie ja aus dem Kapitel über die Blick- richtung. Aus dem Kapitel über vorausschau- endes Fahren wissen Sie aber, dass Sie die Reaktion Ihres Vordermanns eher erahnen, wenn Sie Ihre Konzentration auf das über- nächste Auto sowie dessen Verkehrsumfeld gerichtet haben. Also halten Sie doch besser den erforderlichen Sicherheitsabstand ein.

Der ist ganz klar in der Straßenverkehrsord- nung – die wir seit der Fahrschule nicht verges- sen haben – definiert: Laut Paragraph 4, Absatz 1 muss man sofort anhalten können, wenn das vorausfahrende Fahrzeug plötzlich bremst. Innerhalb geschlossener Ortschaften reicht dazu ein Abstand, der gleich der in einer Sekunde gefahrenen Strecke entspricht (bei 50 km/h sind das 15 Meter oder etwa drei Pkw- Längen). Außerhalb geschlossener Ortschaf- ten legt man zwei Sekunden zugrunde. Als einfache Faustformel haben wir in der Fahr- schule „Abstand gleich halber Tacho in Metern" gelernt. Was bei Tempo 100 exakt 50 Meter bedeuten würde – das entspricht der Distanz zwischen zwei Leitpfosten. Wer nicht so schnell rechnen kann, darf einfach die Sekunden herunterzählen, die es dauert, bis er einen markanten Punkt am Straßenrand nach seinem Vordermann erreicht hat: „Einund-

zwanzig, zweiundzwanzig ..." – je langsamer, desto sicherer ist der Abstand. Und der wieder- um sollte bei schlechter Witterung mit einge- schränkter Sicht noch größer werden. Auch auf die Gefahr hin, dass ein Ungeduldiger Sie über- holt und sich in die Lücke drängt.

Der Vorteil des größtmöglichen Sicher- heitsabstands wird einmal mehr mit dem Blick auf die berühmte „Schrecksekunde" offen- sichtlich: Mehr Platz zum Vordermann gibt Ihnen mehr Zeit zum Reagieren (Bremsen oder Ausweichen), falls dieser plötzlich bremst, abbiegt oder ein anderes unorthodoxes Fahr- manöver unternimmt. Denn – das wissen wir aus dem Kapitel „Bremstechnik" – der größte Teil der gefahrenen Geschwindigkeit wird erst auf den letzten Metern des Bremswegs abge- baut. Weil wir als Fahrer die ersten Meter aber für die Reaktionszeit und die Entscheidung

Vor allem im Kolonnenverkehr ist Abstand wichtig: Hier passieren die meisten Auffahrunfälle.

73

zum beherzten Tritt auf das Bremspedal „verbrauchen". Dann erst können die Bremsen beginnen, ihre Verzögerungsenergie in Wärme umzuwandeln ...

Sicher überholen

Groß und klein, schmal und breit, stark und schwach, schnell und langsam – es lebe der Unterschied zwischen den Menschen. Und so haben wir es also auch im Straßenverkehr mit differenzierten Charakteren am Lenkrad zu tun. Die wiederum in den unterschiedlichsten Arten von Automobilen (beispielsweise Personenwagen, Geländefahrzeuge, leichte und schwere Lastwagen, Busse) respektive auf Zwei- und Dreirädern (Fahrräder, Motorroller, Mofas, Motorräder und Motorräder mit Beiwagen) unterwegs sind. Und sie alle beschleunigen und fahren unterschiedlich schnell – ihrer Größe und Leistung sowie dem Temperament oder Können ihrer Fahrer entsprechend. So kommt es denn zwangsläufig irgendwann zu einem Überholvorgang. Der birgt – wie so viele Situationen im Straßenverkehr – ein Gefahrenpotenzial, das Sie, wie auch alle anderen, einschätzen und bewältigen müssen. Um einen solchen Überholvorgang – ob nun in der Stadt, auf der Landstraße oder der Autobahn – schnell und vor allem sicher durchziehen zu können, sollten Sie ein paar einfache Regeln beachten.

Oberste Prämisse ist die Frage: Macht es Sinn, hier und jetzt zu überholen? Wohl kaum, wenn ich die Straße an der nächsten Kreuzung, Straßeneinmündung oder Abfahrt schon wieder verlasse, der „Brummi" vor mir aber offenbar weiterfährt. Auch das sogenannte „Kolonnenspringen" ist aus der Abwägung von Nutzen zu Risiko ziemlich sinnlos: Der Zeitgewinn ist gering, das Unfallrisiko dagegen unverhältnismäßig groß.

Zweiter Leitsatz: Überholen Sie nur dann, wenn Sie eine Gefährdung anderer absolut ausschließen können.

Dritter Leitsatz: Wenn Sie überholen, dann zügig und unter voller Ausnutzung des Leistungspotenzials Ihres Automobils (das optimale Beschleunigen und Schalten haben wir im Kapitel „Fahrtechnik" ja bereits ausführlich beschrieben).

Erste Voraussetzung für ein sicheres Überholen ist – wieder einmal – vorausschauendes Fahren und ausreichender Weitblick. Im wahrsten Wortsinn: In der Stadt wie auf der Landstraße sollten Sie nur an übersichtlichen Stellen überholen, die Gegenspur muss auf lange Sicht frei sein. Der Grund dafür ist einfach und unter dem Stichwort „Sicherheitsreserven" zu finden.

Beispiel Landstraße: Ein entgegenkommendes Auto, das auf den ersten Blick weit entfernt scheint, könnte schneller als mit den erlaubten 100 km/h unterwegs sein (weil der Fahrer vielleicht zügigst nach Hause will). Wenn Sie nun überholen (und das mit ebenfalls Tempo 100), treffen Sie bei falscher Einschätzung schneller aufeinander, als erwartet. Der andere rechnet damit, dass Sie Ihren Überholvorgang abbrechen und wieder einscheren. Sie hoffen darauf, dass der andere bremst oder ein bisschen ausweicht – die Fahrbahn ist ja breit genug ... Und so trifft man sich mit einer relativen Geschwindigkeit von etwa 200 km/h innerhalb von Sekunden.

Zweite Voraussetzung für den perfekten Überholvorgang ist der Kontrollblick in den Rückspiegel (obwohl Sie als umsichtiger Fahrer ja immer wissen, was hinter Ihnen und um Sie herum passiert): Setzt eventuell gerade einer Ihrer „Hintermänner" zum Überholen an, oder ist ein schnelles Motorrad aus der Kolonne ausgeschert und will nun vorbei?

Sollten Sie der ungeduldige Zweite hinter dem „Schleicher" sein, gilt das Augenmerk dem Vordermann: Vielleicht will auch er gera-

Bevor Sie auf die linke Spur ausscheren, blicken Sie in den Rückspiegel. Setzt gerade der Hintermann zum Überholen an?

de überholen. Dabei verrät mitunter ein Blick auf sein linkes Vorderrad die Absicht – manche Autofahrer lenken schon zum Ausscheren ein, bevor Sie den Blinker setzen. Eventuell hat er kurz zuvor auch in den Rückspiegel geschaut, ebenfalls ein Indiz für sein Vorhaben.

Beim Scannen der Gegenfahrbahn in der Stadt sowie auf der Landstraße haben Sie zudem festgestellt, dass so bald keine Einfahrt, Straßeneinmündung oder Kreuzung auftaucht. Denn in eine solche könnte der Vordermann, den Sie nun überholen wollen, abbiegen (vertrauen Sie nicht darauf, dass er vorzeitig den Blinker setzt oder im Rückspiegel kontrolliert, ob ihn vielleicht jemand überholen möchte). Oder es könnte von dort ein Auto auf die Gegenfahrbahn einbiegen.

Hier sollte man auf das Überholen klar verzichten: rutschige Fahrbahn und reichlich Gegenverkehr!

Wenn Sie überholen, dann zügig. Wenn Sie überholt werden, dann beschleunigen Sie nicht!

Schnell ist sicher

Dass Sie nun kräftig Gas geben (nachdem Sie vorher eventuell noch einen Gang zurückgeschaltet haben), zügig hochschalten und schnellstmöglich überholen, versteht sich wohl von selbst. Sie wollen ja wieder auf die sichere rechte Seite wechseln – es sei denn, Sie passieren gerade eine längere Lastwagenkolonne auf der Autobahn). Schließlich beansprucht der Überholvorgang je nach Geschwindigkeitsunterschied eine bestimmte Zeit und Strecke. Ein Beispiel: Sie überholen gerade mit rund 100 km/h einen zwölf Meter langen Lastzug, der sein erlaubtes Tempo von 80 km/h fährt (dass sich beide in der Regel außerhalb dieser Mindestgrenzen fortbewe-

gen, lassen wir mal außen vor). Dafür benötigen Sie rund 115 Meter oder etwa 22 Sekunden. Lässig zu schaffen, meinen Sie? Tatsächlich aber dauert das länger, als es sich anhört. Was auf der Autobahn nicht weiter dramatisch ist, da haben Sie sozusagen alle Zeit und Strecke der Welt. Auf der Landstraße mit Gegenverkehr kann das durchaus gefährlich werden: Denn ein Fahrzeug, dass Ihnen dort mit Tempo 100 entgegenkommt, legt in diesen 22 Sekunden theoretisch wie praktisch 616 Meter zurück. Addieren Sie die 115 Meter dazu, die Sie für den Überholvorgang benötigen, sind unter dem Strich 730 Meter Sichtbereich bzw. „freie Bahn" erforderlich. Hand aufs Herz: Wann haben Sie das letzte Mal mit so viel Sicherheits-Sichtpotenzial überholen können?

Gegenverkehr – was tun?

Bis hierher haben Sie alles richtig gemacht, sind just auf der Höhe des Lastwagen-Anhängers. Nun aber taucht auf der Gegenfahrbahn in einiger Entfernung doch ein Auto auf – weiß der Teufel, woher das plötzlich kommt (vielleicht war da doch eine versteckte Einmündung, es ist dämmerig und der andere fährt ohne Licht, die Sonne hat geblendet ...). Ist auch egal, jedenfalls müssen Sie nun reagieren: Beschleunigen oder bremsen? Hier gilt die Regel: Im Zweifels- und Notfall immer bremsen und wieder einscheren! Ob die Lücke hinter dem Laster noch ausreichend groß ist oder sich ein anderer zum Überholen an Sie „drangehängt" hat, sollte Sie jetzt nicht interessieren – Ihr Hintermann muss dann eben bremsen.

Kleiner Einschub: Sind Sie dieser Hintermann, haben Sie sowieso genügend Abstand eingehalten und treten nun dezent auf die

Um auf einer Landstraße sicher überholen zu können, ist ausreichend Weit-Sicht erforderlich.

Auch im Stadtverkehr gilt es, zügig zu überholen und nicht aus Angst plötzlich auf die Bremse zu treten.

Bremse, um den Überholer wieder einscheren zu lassen (aber Achtung, dass Ihnen just keiner an der Stoßstange klebt!).

Zurück zu Ihrem aktuellen Überholvorgang: Sie stehen nun voll auf dem Gas, nutzen das Leistungspotenzial Ihres Autos zur maximalen Beschleunigung aus – so weit, so gut. „Reserven"? Keine! Und der andere auf der Gegenspur kommt immer näher. Da heißt es: Nicht lange überlegen, sondern runter vom Gas und voll auf die Bremse! Schließlich ist diese um ein Vielfaches effizienter in der Verzögerung als die Motorleistung in Sachen Beschleunigung.

Jede Sekunde, in der Sie weiterfahren, sind sich Ihr Auto und das entgegenkommende Fahrzeug schon wieder einige Meter näher gekommen. Und wie schnell dieser potenzielle Kontrahent tatsächlich fährt, wissen Sie definitiv nicht und können es auch nicht einschätzen. Ob er zur Not bremst und aus-

weicht? Vielleicht ist er ja ein Typ, der auf sein Recht „pocht" und von Ihnen erwartet, dass Sie zurückstecken. Also bleibt er erst einmal auf dem Gas und lichthupt Sie womöglich an.

Wie schnell Ihr Fahrzeug von null auf 100 km/h oder besser: von 80 auf 120 km/h (der Tempobereich, in dem die sogenannte „Elastizität" gemessen wird) beschleunigt, sollten Sie aus den technischen Daten oder Tests der Fachzeitschriften wissen. Nehmen wir beispielsweise eine rund 170 PS starke und etwa 1,5 Tonnen schwere, moderne Limousine der Mittelklasse: Sie absolviert den Standardsprint auf Tempo 100 in etwa 8,7 Sekunden; für den Zwischensprint auf 120 km/h benötigt dieses Fahrzeug ungefähr 9,1 Sekunden. Um dieses Auto nun von Tempo 100 bis zum Stillstand zu bremsen, müssen wir im Schnitt 5,3 Sekunden veranschlagen (normaler Straßenbelag und Reibwert), aus Tempo 120 vergehen etwa 6,1 Sekunden.

Wer auf einer schneebedeckten Fahrbahn vor einer unübersichtlichen Kurve überholen will, handelt verantwortungslos.

Goldene Regel beim Überholen auf der Landstraße: Gas geben, hochschalten und zügig vorbeiziehen.

Auch wenn Sie auf der Autobahn freie Strecke und Sicht zum Überholen haben, sollten Sie zügig vorbeifahren und anschließend wieder so bald wie möglich auf die rechte Fahrspur einscheren.

Zweifeln Sie noch immer daran, dass eine Vollbremsung effizienter ist, als auf dem Gas zu bleiben? Weiter zügig zu beschleunigen, kommt somit nur dann infrage, wenn es definitiv kein „Zurück" mehr gibt. Beispielsweise, wenn Sie schon auf der Höhe des Lkw-Fahrerhauses sind, der Überholvorgang schon fast abgeschlossen oder der Rückzug durch ein nachfolgendes Fahrzeug blockiert ist.

Sie sind der Gegenverkehr – was tun?

Sind Sie derjenige auf der Gegenspur und werden gewahr, dass da einer auf Sie zukommt, der sich beim Überholen hoffnungslos verschätzt hat: Geben Sie ihm und sich selber eine Chance! Vielleicht hat er Sie ja einfach nicht oder eben zu spät gesehen (siehe oben: Dämmerung, dunkles Auto ohne Licht,

DIE GOLDENE REGEL
Wer Zeit zum Hupen hat,
hat auch Zeit zum Bremsen!

Sonne im Rücken ...) und will beziehungsweise muss das Überholmanöver durchziehen statt wieder einzuscheren? Nun wollen Sie ja nicht mit ihm kollidieren. Sollten Sie sich per Lichthupe oder akustischer Hupe bemerkbar machen? Kaum, denn damit vergeuden Sie wertvolle, vielleicht Leben rettende Sekunden.

Also: Sofort den Fuß vom Gas und auf die Bremse (Kontrollblick in den Rückspiegel nicht vergessen!). Möglicherweise reicht das aber noch nicht – also bereiten Sie sich auf ein Ausweichmanöver vor. In der Regel reicht die Fahrspur zwar knapp aus, denn es gibt kaum eine normale Landstraße, die schmaler ist als 3,5 Meter. Aber für den Notfall scannen Sie nun schon mal den rechten Fahrbahnrand nach gefährlichen oder rettenden Stellen ab (das gilt natürlich auch in der Stadt): Ist da eventuell eine Böschung, ein Graben, eine Senke, ein hoher Bordstein, eine Hauswand oder gar ein Fußgänger oder Radfahrer unterwegs (da könnten Sie reinrutschen oder draufknallen, also Vorsicht!)? Oder ist da eine kleine Parkbucht, eine Bushaltestelle, eine Straßeneinmündung, ein Feldweg, ein Fahrradstreifen (dahin können Sie ausweichen)?

Vor allem in Baustellenabschnitten sollte man Lkw zügig überholen, bevor es „eng" wird. Unsichere Fahrer sollten besser gleich auf der rechten Spur bleiben.

Wer das Gesicht des Lkw-Fahrers in dessen Spiegel zeitig beobachtet, wird von dessen Ausscheren nicht überrascht.

Die linke Spur scheint frei, der kleine Lastwagen auf der rechten könnte jeden Moment ausscheren.

Überholen auf der Autobahn

Einige der Regeln, die wir für das Überholen in der Stadt beziehungsweise vor allem auf der Landstraße bis hierher gelernt haben, gelten auch für den Überholvorgang auf der Autobahn. Sind Sie auf der rechten Spur unterwegs und wollen den langsameren Pkw, das Motorrad oder den Lkw vor sich überholen, heißt das also zunächst: die Umgebung abscannen, in den Rückspiegel schauen. Beobachten Sie auch Ihren Vordermann und den Verkehr vor ihm: Ist das übernächste Fahrzeug vielleicht langsamer als er, „läuft" er gerade auf? Blickt er just ebenfalls in den Rückspiegel oder über die Schulter, mag er möglicherweise genau jetzt selbst überholen.

Ist die Situation klar und können Sie ihn passieren, gilt wieder die Prämisse: Zügig überholen und das Leistungspotenzial Ihres Automobils ausschöpfen.

Und bei der nächsten großen Lücke sollten Sie wieder einscheren, also nicht auf der linken oder – bei einer dreispurigen Autobahn – der mittleren Spur „kleben" bleiben, weil Sie vielleicht in etlichen Kilometern am nächsten Fahrzeug vorbei wollen. Denn zum einen ist in der StVZO das Rechtsfahrgebot verankert – nicht als Schikane, sondern um den Verkehrsfluss zu gewährleisten. Zum anderen will ja möglicherweise (Blick in den Rückspiegel, dabei „toten Winkel" beachten!) ein wesentlich stärkeres und schnelleres Auto auch Sie überholen. Und wenn das mit Überschussgeschwindigkeit von hinten ankommt, ist es innerhalb weniger Sekunden mühelos vorbei. Also: Scheren Sie netterweise wieder auf die rechte Spur, nehmen kurz den Fuß vom Gas und lassen den Schnelleren passieren. Das kostet Sie weder Zeit noch Mühe – im umgekehrten Fall würden Sie sich über diese zuvorkommende Geste wohl selbst freuen. Außerdem sorgt das für einen besseren Verkehrsfluss: Denn wenn Ihr Hintermann Ihretwegen abbremsen muss, kann das hinter ihm wiederum zum berüchtigten Ziehharmonikaeffekt führen: Alle anderen müssen bremsen und dann wieder beschleunigen. Denken Sie bitte auch daran, den Blinker zu setzen, wenn Sie die Spur wechseln – egal, ob nach links oder rechts.

Für alle Aktionen geben wir Ihnen abschließend noch eine gut gemeinte Empfehlung mit auf den Weg durch den dichten Verkehrsdschungel: Regen Sie sich niemals auf! Bleiben Sie in jeder Situation stets ruhig und gelassen! Sie werden feststellen, dass Sie mit dieser Einstellung immer sicher und vor allem wesentlich entspannter ans Ziel kommen.

Checkliste
Sicher überholen

Grundsätzlich
Vorausschauend fahren
Gefahrensituationen abschätzen

Oberste Prämissen
1. Macht das Überholen jetzt Sinn?
2. Gefährdung anderer ausschließen
3. Zügig überholen (Leistungspotenzial nutzen)

Kriterien für sicheres Überholen
1. Gegenspur auf lange Sicht frei?
2. Kontrollblick in den Rückspiegel – überholt schon jemand?
3. Kontrollblick nach vorne – Straßeneinmündung, Hofeinfahrt (= Überholter biegt eventuell ab, unerwarteter Gegenverkehr?)
4. Blick auf den Vordermann – will er überholen?
5. Beschleunigen, zügig hochschalten, schnell vorbeifahren

Bei auftauchendem Gegenverkehr
1. Im Notfall bremsen
2. Wieder einscheren

Als entgegenkommender Fahrer
1. Bremsen (Rückspiegel: Hintermann?)
2. Ausweichmanöver vorbereiten – rechten Fahrbahnrand abscannen (Gefahren- und Ausweichstellen)

Überholen auf der Autobahn
1. Kontrollblick in den Rückspiegel – ist die linke Spur frei?
2. Kontrollblick nach vorne – will der Vordermann auch überholen?
3. Kontrollblick in den Außenspiegel – linke Spur noch immer frei? Achtung: „toter Winkel"!
4. Zügig überholen
5. Bald wieder nach rechts einscheren, Rechtsfahrgebot einhalten (Verkehrsfluss!), schnellere Autos überholen lassen

Weiterführende Fahrtechniken

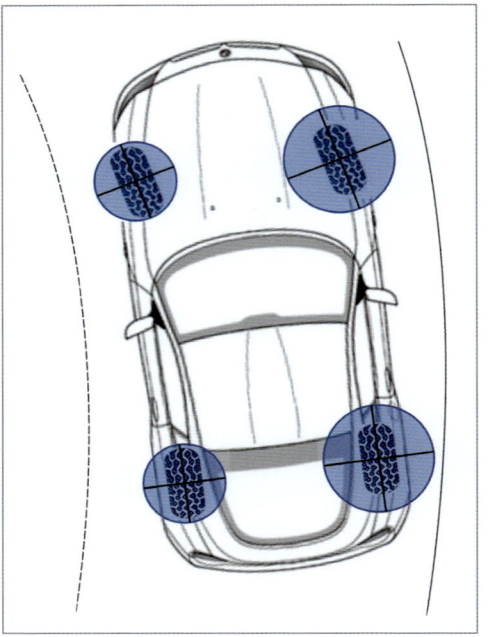
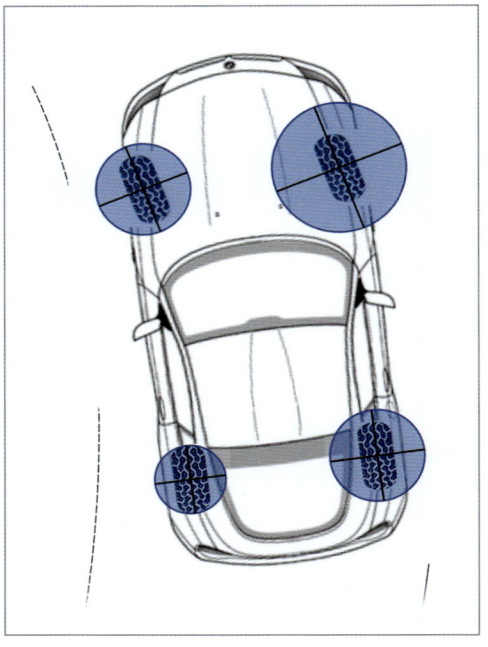

*Bei konstanter Geschwindigkeit können die kurven-
äußeren Räder mehr Kräfte übertragen als die inneren.*

*Bei gebremster Kurvenfahrt gewinnen die Vorderräder zu-
sätzlichen Bodenhalt (dynamische Achslastverschiebung).*

Nur bei abgeschalteten elektronischen Assistenzsystemen lässt sich die Fahrzeugbeherrschung üben.

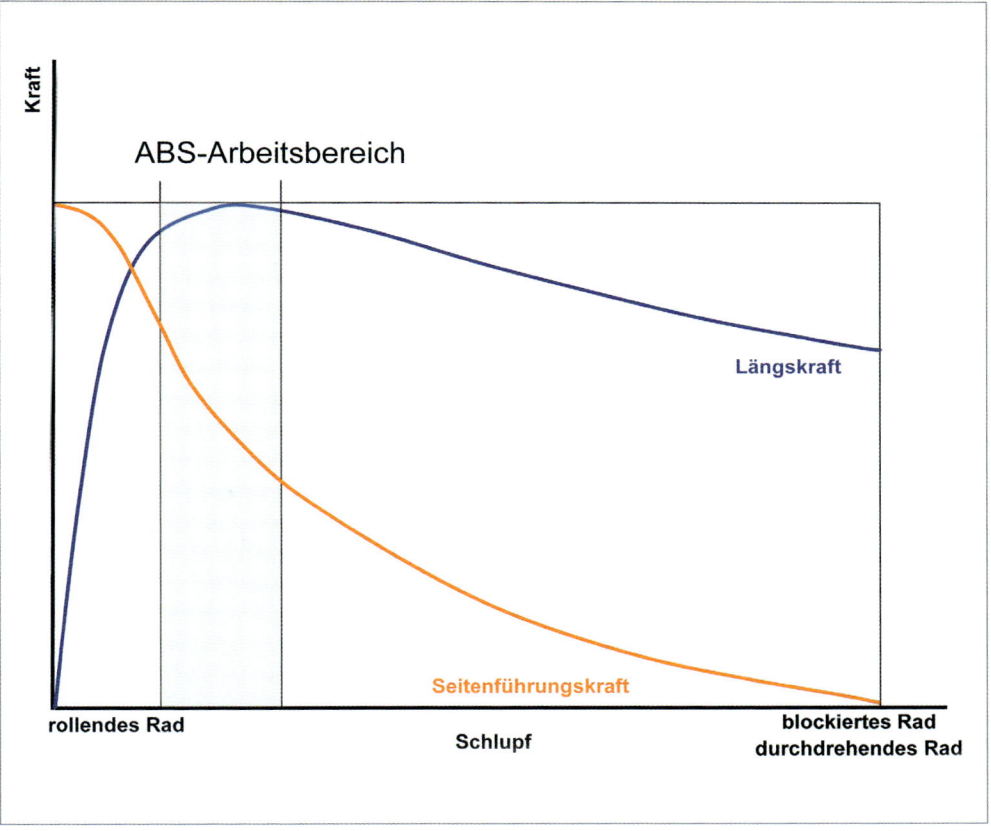

Mit zunehmendem Radschlupf sinken die auf die Straße übertragbaren Kräfte – ABS wirkt dem effektiv entgegen.

Unfälle vermeiden

Bremsen in der Kurve ...

... am besten gar nicht! Jedes Bremsmanöver sollte vor dem Einlenken in die Kurve abgeschlossen sein (siehe Kapitel „Kurvenfahrt" ab Seite 54). Doch manchmal müssen selbst die besten Vorsätze gebrochen werden – beispielsweise in einer Gefahrensituation wie einem plötzlich auftauchenden Hindernis.

Bei einer Notbremsung in der Kurve ist entscheidend, ob das Fahrzeug mit ABS ausgerüstet ist oder nicht – denn davon hängt ab, was letztendlich zu machen ist. Falls ABS an Bord ist, heißt es selbst in der Kurve: voll rein in die Eisen und schnell so viel Geschwindigkeit wie möglich bzw. nötig abbauen.

Folgendes geschieht: Bei der Kurvenfahrt können die kurvenäußeren Räder mehr Kräfte auf die Straße übertragen als die inneren. Durch den starken Tritt auf das Bremspedal kommt dann mehr Gewicht auf die Vorderachse (Stichwort: dynamische Achslastverlagerung), deren Räder nun ein Plus an Seitenführung aufbauen können. Gleichzeitig verringert sich die Fahrzeuggeschwindigkeit, während das ABS das Auto (untersteuernd) auf Kurs hält. Beides zusammen sorgt dafür, dass Sie nun stärker einlenken und das (stark) abbremsende Auto auf Kurs halten können.

Ohne ABS muss die Notbremsung in der Kurve mit einem harten Bremsschlag eingeleitet werden. Also mit voller Kraft auf das Bremspedal treten und „ein paar Meter Gummi liegen lassen" – das ist der einzige Weg, um die Geschwindigkeit möglichst schnell abzubauen. Zwar schiebt das Auto jetzt gnadenlos über alle vier Räder zum Kurvenaußenrand, aber es wird langsamer. Und damit steigt die Chance, dass die Räder wieder ausreichend Seitenführung aufbauen können, bevor die asphaltierte Fahrbahn endet.

Kurz vor diesem unerquicklichen Moment sollte man die Bremse öffnen und einlenken (Blickrichtung nicht vergessen) – die Chancen stehen gut, dass einem dies gelingt. Warum? Weil die Querbeschleunigung im Quadrat zur Geschwindigkeit zu- beziehungsweise abnimmt.

Das heißt: Bei nur 20 Prozent weniger Speed müssen bereits 44 Prozent geringere Seitenführungskräfte auf die Straße übertragen werden. Wenn Sie also nur einmal kurz, aber hart auf die Bremse treten, haben Sie meist schon ausreichend Geschwindigkeit abgebaut, um das Fahrzeug wieder auf den gewünschten Kurs zu bringen und das Hindernis umfahren zu können.

Mutprobe ohne Folgen: bremsen und gleichzeitig nach links ausweichen – mit ABS bleibt das Auto in der Spur.

Ausweichen oder nicht – eine Frage der Risikoabschätzung. Und die Entscheidung muss in Sekundenbruchteilen fallen.

Ausweichtechniken

Gerade haben wir schon in der Kurve gebremst (obwohl wir das ja eigentlich immer zu vermeiden suchen) und haben dabei die Geschwindigkeit so weit reduziert, dass das Auto wieder sicher zu beherrschen ist. So weit, so gut. Aber das Hindernis ist immer noch auf der Straße, und wir müssen irgendwie dran vorbei. Oder doch nicht?

Der Moment der Entscheidung

So hart es klingt: Vergessen Sie Ihre Tierliebe – egal, ob Ihnen bei Landstraßentempo Nachbars Lumpi oder eine Rotte Wildschweine vors Auto läuft. In jedem Fall müssen Sie in Sekundenbruchteilen abwägen, welche Aktion mit

Nur auf einem abgesperrten Übungsgelände lassen sich die richtigen Ausweichtechniken gefahrlos üben.

89

Richtig ausweichen: Erst bremsen, dann in die Lücke lenken und anschließend das Auto wieder auf Kurs bringen.

weniger Risiko für Sie und andere Verkehrsteilnehmer (und damit sind ausschließlich menschliche gemeint) verbunden ist: ausweichen oder nicht?

Immer auf die Kleinen

Dabei stellt sich zuerst die Frage, ob eine Ausweichaktion sicher durchzuführen ist oder ob das Risiko besteht, am nächsten Baum oder im Gegenverkehr zu landen. Die zweite Risikoabwägung besteht in der Einschätzung der Folgen einer Kollision mit dem Hindernis.

Gehen wir also ganz objektiv an die Risikoabschätzung heran. Wenn Ihnen ein Tier bis zur Größe eines Rehs vor die Räder läuft, dann spielen Sie nicht den Helden. Wenn ein

Auf jeden Fall sollten Sie vor der Kollision noch versuchen, so stark wie möglich zu bremsen, um die Unfallfolgen zu minimieren. Zwei Dinge seien zu diesem – zugegebenermaßen ziemlich makaberen – Thema noch angemerkt. Erstens: Je länger die Beine des Tiers, desto größer die Gefahr, dass es bei einer Kollision durch die Windschutzscheibe schlägt. Zweitens: Versuchen Sie das Hindernis nicht mittig zu treffen, sondern möglichst seitlich versetzt. Dadurch fällt die Wucht des Aufpralls geringer aus.

Dran vorbei – aber richtig

Doch was ist bei einem Rind, einem Pferd oder gar noch größeren Tieren? Hier müssen Sie ausweichen, auch wenn es mit Risiken verbunden ist – es gibt keine Alternative. Zuerst heißt es aber auch hier: Voll in die Bremsen und so viel Geschwindigkeit abbauen wie möglich. Dann folgt der Lenkeinschlag „in die Lücke", also links oder rechts am Hindernis vorbei. Anschließend wird der Lenkeinschlag wieder zurückgenommen und das Auto gerade ausgerichtet, um schließlich zurück auf die eigene Spur zu fahren.

Wer bei Wildwechsel noch folgende zwei Grundsätze beachtet, erhöht seine Chancen auf ein gutes Ende der brenzligen Situation weiter: Zum einen sollte man, wenn möglich, hinter dem Tier vorbeifahren – in solch einer Schrecksituation wird es nämlich höchstwahrscheinlich einen Satz nach vorne machen (Fluchtinstinkt), aber wohl kaum umkehren. Zum anderen sollte man sich den Spruch einprägen: „Hinter der Sau kommen die Ferkel." Das bedeutet nichts anderes, als dass man beim Auftauchen von Herdentieren immer mit nachfolgenden Familienmitgliedern rechnen muss. Wenn ein Reh, ein Wildschwein oder Ähnliches über die Straße gelaufen ist: Runter vom Gas, denn die Artgenossen warten schon im Unterholz, um Ihnen eventuell ebenfalls vor die Räder zu laufen.

Ausweichen das Risiko birgt, die Kontrolle über das Auto zu verlieren, dann versuchen Sie es bei einem kleinen Hindernis erst gar nicht. Klar, es gibt einen vernehmlichen Schlag, wenn Sie ein Schaf oder ein Reh überfahren. Und auch Ihr Auto kommt (höchstwahrscheinlich) nicht ohne größere Blessuren davon. Sie allerdings schon (und das ist das Entscheidende)!

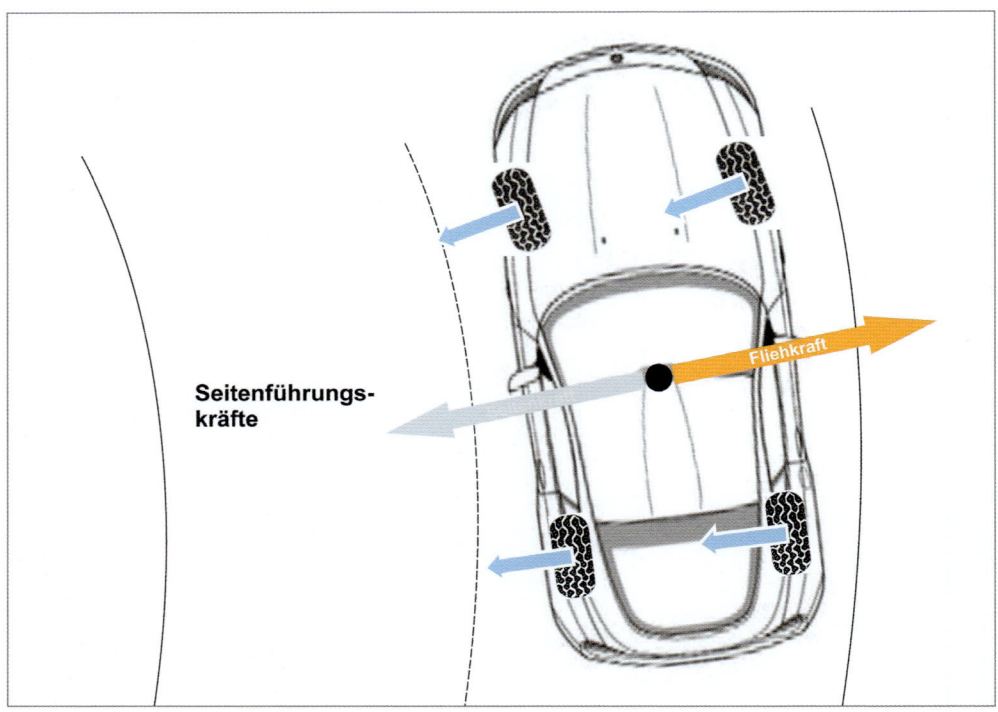

Beim Kurvenfahren zieht die Fliehkraft das Auto nach außen, die Seitenführungskräfte der Reifen halten dagegen.

Fahrphysik

Der Wagen „übersteuert" oder „untersteuert" – zwei Begriffe für jenen instabilen fahrdynamischen Zustand eines Automobils, von dem Sie schon mindestens einmal in Ihrem Führerscheinleben gehört oder selbst gesprochen haben. Aber wissen Sie denn auch, was damit gemeint ist? Kennen Sie die physikalischen Ursachen für diese Reaktionen Ihres Fahrzeugs? Und schließlich: Wissen Sie, wie Sie dieses instabile Verhalten Ihres Gefährts wieder in den Griff bekommen, wie Sie am besten darauf reagieren können?

Eine grundsätzliche Erklärung vorweg: Beim Unter- oder Übersteuern handelt es sich prinzipiell um eine Reaktion des Autos, die in Kurven um die Hochachse – eine vertikale, gedachte Linie in der Fahrzeugmitte – stattfin-

det. Diese Hochachse markiert den Punkt, um den sich die Front, das Heck und die Seiten des Fahrzeugs drehen. Bei den meisten Autos liegt sie übrigens im Bereich des Schalthebels.

Untersteuern

Eigentlich ist die Übersetzung, respektive die Beschreibung dieses Begriffs ganz einfach: Von einem untersteuernden Fahrzeug spricht man dann, wenn dieses in einer Kurve über die Vorderräder zum Kurvenaußenrand schiebt. Für den Fahrer ist das dann ganz offensichtlich, wenn er das Lenkrad stärker einschlagen muss, als der Radius der gefahrenen Kurve das eigentlich erfordert, die Reifen spürbar (womöglich mit einem scharrenden Geräusch) über den Asphalt rubbeln und die Nase des Autos der angestrebten Richtungsänderung nicht folgen will, sondern mehr zum Außenrand der Kurve strebt.

Der Mini durchfährt die Kurve im Zustand des Untersteuerns: Der Fahrer muss die Geschwindigkeit reduzieren.

Vor allem auf rutschigem Untergrund schiebt ein Fronttriebler schnell mal über die Vorderachse.

Auslöser für diese akute Richtungsinstabilität ist immer ein geringer Reibwert zwischen Straße und Reifen: Entweder weil der Untergrund rutschig ist (Nässe, Schnee, Eis, Splitt, Schotter, Laub etc.) oder der Fahrer den Verlauf

Muss der Reifen gleichzeitig Vortriebs- und Seitenführungskräfte übertragen, gerät er früher an die Rutschgrenze.

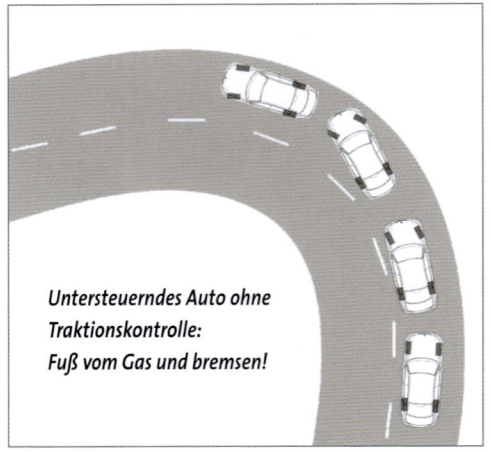

Untersteuerndes Auto ohne Traktionskontrolle:
Fuß vom Gas und bremsen!

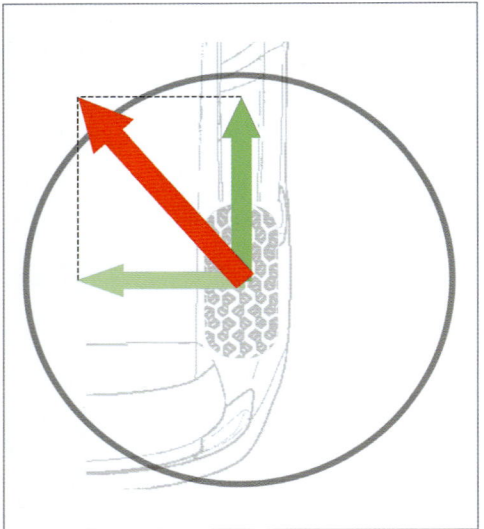

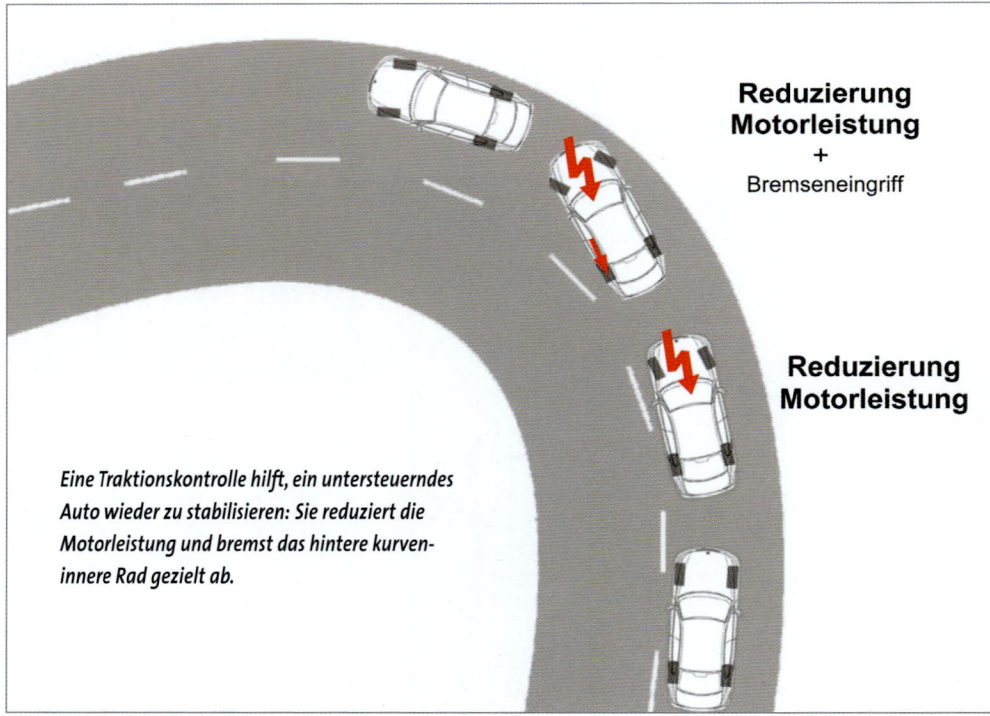

Reduzierung Motorleistung
+
Bremseneingriff

Reduzierung Motorleistung

Eine Traktionskontrolle hilft, ein untersteuerndes Auto wieder zu stabilisieren: Sie reduziert die Motorleistung und bremst das hintere kurveninnere Rad gezielt ab.

der Kurve falsch eingeschätzt hat und zu schnell unterwegs ist. In jedem Fall sind also die Reifen der Vorderachse mit der Seitenführungsaufgabe überfordert. Ob Front-, Heck- oder Allradantrieb ist in diesem Fall egal – hier reagieren alle Fahrzeuge prinzipiell gleich empfindlich.

Was ist zu tun?
Wie in allen Gefahrensituationen heißt auch hier das oberste Gebot: Ruhe bewahren! Ein untersteuerndes Auto lässt sich nämlich in der Regel relativ einfach wieder „einfangen", indem Sie den Fuß vom Gas nehmen und kräftig bremsen. Drehen Sie das Lenkrad nicht weiter in die Kurve hinein! Versuchen Sie nicht, Ihr untersteuerndes, über die Vorderräder schiebendes Fahrzeug mit Gewalt nach innen zu zwingen – das würde den Effekt verstärken

UNTERSTEUERN IN KURVEN
Reaktion des Autos
- Seitenführung der Vorderräder reißt ab
- Fahrzeug schiebt über die Vorderräder zum Kurvenaußenrand

Reaktion des Fahrers
- Fuß vom Gas (wenn nötig bremsen)
- nicht noch weiter einlenken
- Blickführung: Kurveninnenseite

und Sie weiter aus der Kurve treiben. Mit dem beherzten Tritt aufs Bremspedal haben Sie die Geschwindigkeit reduziert und das Fahrzeuggewicht mehr auf die Vorderachse verlagert – die Reifen sollten dadurch nun schnell wieder eine spürbare Seitenführung aufbauen.

Hier wird klassisches Übersteuern demonstriert: Das Fahrzeug bricht über die Hinterachse aus.

*Vor allem auf rutschiger Fahrbahn wie einer regen-
nassen Straße neigen leistungsstarke, heckgetriebene
Autos ohne Traktionskontrolle beim Beschleunigen
zum Ausbrechen.*

Denken Sie in jeder Sekunde an unsere oberste Grundregel der richtigen Blickführung: Schauen Sie in die Richtung, in die Sie fahren wollen – in diesem Fall also zur Innenseite der Kurve beziehungsweise zu deren Ausgang. Und dorthin lenken Sie auch!

Und falls Sie trotz aller Maßnahmen noch zu schnell sind und entweder mit einem Bordstein, einer Mauer oder dem Gegenverkehr zu kollidieren drohen, hilft nur noch: Lenkung in die gewünschte Fahrtrichtung stellen und voll auf die Bremse! Das DSC versucht, das untersteuernde Auto zu stabilisieren, indem es das kurveninnere Hinterrad abbremst.

Übersteuern

Auch dieser Begriff lässt sich mit einfachen Worten veranschaulichen: Von einem übersteuernden Fahrzeug spricht man dann, wenn in einer Kurve die Hinterräder die Haftung verlieren und das Heck ausbricht, sprich: nachhaltig in Richtung Kurvenaußenrand drängt. Die Gründe dafür sind vielfältiger Natur: Oft folgt das Übersteuern auf das Untersteuern, wenn die Hinterräder auf jenen Belag mit dem geringen Haftwert kommen, auf dem zuvor schon die Vorderräder ausgerutscht sind. Und dann reißen eben auch hier die Seitenführungskräfte spontan ab. Bei einem heckgetrie-

Übersteuerndes Auto ohne
Traktionskontrolle:
Fuß vom Gas, gegen-
lenken, Kupplung treten!

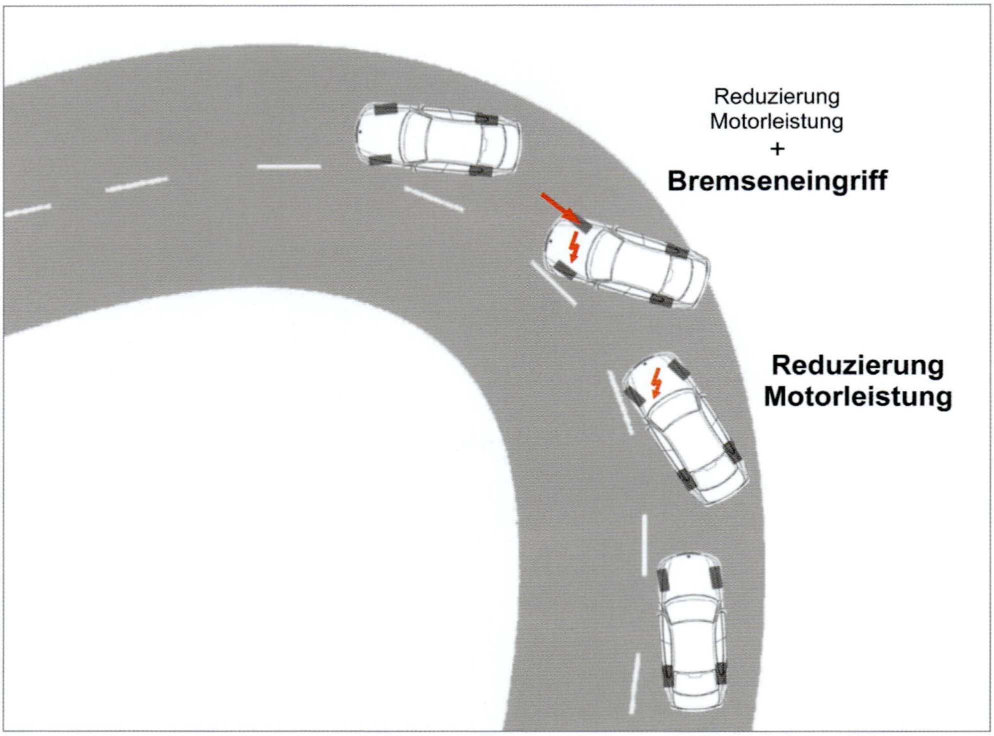

Reduzierung
Motorleistung
+
Bremseneingriff

**Reduzierung
Motorleistung**

Beim Übersteuern reduziert die Stabilitätskontrolle die Motorleistung und bremst das kurvenäußere Vorderrad ab.

Bei einem professionellen Training lernt man am besten, ein übersteuerndes Fahrzeug wieder „einzufangen".

Mit einer effizienten Traktionskontrolle und Erfahrung lässt sich Übersteuern in einen leichten Drift umsetzen.

Bei Fahrzeugen ohne Traktionskontrolle lässt sich ein Dreher in dieser Situation nur mit reichlich Erfahrung vermeiden.

Auch ein Fronttriebler kann über die Hinterachse ausbrechen, wenn die Seitenführung der Reifen abreißt.

benen Fahrzeug kann die Ursache ein – meist ungewollter – Fehler des Fahrers sein: Schaltet er in der Kurve einen Gang zurück und kuppelt dann bei relativ hoher Drehzahl wieder ein, führt er damit einen Lastwechsel herbei, der die Hinterräder überfordert. Sie sollen gleichzeitig Antriebskräfte und Seitenführungskräfte auf den Untergrund übertragen. Und das schaffen sie vor allem bei einem rutschigen Belag (Nässe, Schnee, Schotter etc.) nicht.

Dass ein heckgetriebenes Auto also konzeptbedingt eher mal über die Hinterräder „ausbricht" als ein Fronttriebler oder ein Allradler, dürfte somit klar sein.

ÜBERSTEUERN IN KURVEN

Reaktion des Autos
• Seitenführung der Hinterräder reißt ab
• Fahrzeug bricht über die Hinterräder zum Kurvenaußenrand aus

Reaktion des Fahrers
• Fuß vom Gas
• Kupplung treten
• Sofort gegenlenken
• Frühzeitig wieder zurück in die gewünschte Fahrtrichtung lenken

Wenn das Fahrzeug über die Hinterräder zum Kurvenrand hin ausbricht, sollte man sofort den Fuß vom Gas nehmen ...

... die Kupplung treten und gegenlenken. Der Blick bleibt aber konzentriert in die gewünschte Fahrtrichtung gerichtet.

Was ist zu tun?

In jedem Fall – ob Front-, Heck- oder Allrad-antrieb – hilft zunächst und in den meisten Fällen ein energisches Bremsen. Vor allem bei einem übersteuernden Hecktriebler gilt es, sofort den Fuß vom Gas zu nehmen und die Kupplung zu treten – um die Hinterräder von ihrer Doppelbelastung der Seitenführungs- und Antriebskräfte zu befreien.

Im gleichen Moment sollten Sie so schnell und so weit wie möglich gegenlenken, das heißt, das Lenkrad in Richtung Kurvenaußen-rand drehen – während der Blick weiter an der Kurveninnenseite haften bleibt bezie-hungsweise in der Richtung, in die Sie weiter-fahren wollen. Und genau dahin drehen Sie das Lenkrad nach der kurzen (!) Gegenlenk-aktion auch gleich wieder zurück. Nur so sind Sie am besten für den sogenannten „Gegen-schlag" vorbereitet: Wenn die Hinterräder wieder „greifen" und ihre Seitenführung wieder aufgebaut haben, wird das Heck schlagartig stabil. Und sollten die Vorderräder dann zu weit in Richtung äußerem Kurven-rand eingeschlagen sein, tendiert Ihr Auto plötzlich dorthin – aber das ist nun die falsche Richtung. In diesem Moment müssen Sie also wieder „normal" lenken, mit den Vorderrädern also wieder zum Kurveninnen-rand zielen. Bleiben Sie dabei locker und entspannt, kurbeln Sie nicht „wild" am Lenk-rad, versuchen Sie nicht mit dem Auto zu „kämpfen".

Auch in diesem Fall, dem Übersteuern, gilt: Sobald Sie merken, dass sich das Auto trotz aller Rettungsversuche nicht mehr stabilisie-ren lässt und ein „Abflug" aus der Kurve (Böschung, Gegenverkehr etc.) oder ein Dreher unvermeidbar ist ... treten Sie voll auf die Bremse!

Das DSC versucht, das übersteuernde Auto zu stabilisieren, indem es das kurvenäußere Vorderrad abbremst und die Motorleistung reduziert.

Für Rallye-Profis (wie Armin Schwarz, im Bild rechts) gehören Reifenplatzer zur sportlichen Tagesordnung.

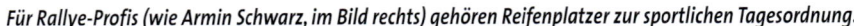

Und noch eine Anmerkung zum Schluss: Denken Sie daran, dass ein beladenes Auto (beispielsweise mit Urlaubsgepäck!) einen anderen Schwerpunkt hat und sich daher entsprechend anders verhält als ein unbeladenes. Mit mehr Gewicht im Kofferraum wird das Heck beispielsweise schneller instabil und zieht stärker zum Kurvenaußenrand. Mit zusätzlichem Gewicht auf dem Dach (Fahrradträger, Skibox etc.) verlagert sich der Schwerpunkt nach oben, und das Auto wird auch um die Längs- beziehungsweise die sogenannte Wank- oder Rollachse (horizontal längs durch das Auto verlaufende Linie) wesentlich schneller instabil.

Da bleibt nicht viel übrig: bei hoher Geschwindigkeit geplatzter Reifen eines Lastwagens.

Reifenplatzer: keine Angst vor dem Knall

Ein geplatzter Reifen ist für viele Autofahrer ein Horrorszenario: Zuerst der laute Knall, wenn die Luft schlagartig aus dem Pneu entweicht. Und dann das instabile Fahrverhalten, das jedem Otto Normalfahrer den (Angst-) Schweiß aus den Poren treibt. Dabei nehmen ein paar einfache Regeln der Situation viel von ihrem Schrecken.

Immer mit der Ruhe

Wir alle haben uns als Kinder einen Scherz daraus gemacht, unsere lieben Freunde durch den Knall einer platzenden aufgeblasenen Tüte zu erschrecken. Und genau dieses kindische Spielchen versucht auch ein Reifenplatzer mit uns zu spielen. Daher gilt als oberste Regel: Nicht erschrecken, wenn ein lauter Knall Sie überrascht. Denn der Schreck führt fast zwangsweise dazu, dass man hektisch reagiert und abrupte Lenk- oder Bremsmanöver einleitet – und das ist genau die falsche Aktion.

Schleichender Plattfuß: Ein spitzer Stein lässt die Luft langsam entweichen – der Fahrer bemerkt dies erst spät.

Fahren Sie Dachaufbauten nie länger als nötig spazieren – sie treiben den Spritverbrauch um 10 bis 50 Prozent in die Höhe.

Wenn also ein Reifen seine Luft verloren hat, müssen Sie das Auto gefühlvoll auf Kurs halten, denn der platte Reifen wird es auf „seine" Seite ziehen. Denken Sie daran, Ihren Blick weit nach vorne zu richten – dort wollen Sie hin. Erinnern Sie sich noch an das Kapitel „Blickführung"? Das können Sie nachlesen ab Seite 53.

Nun gilt es, gefühlvoll zu bremsen und das Auto gleichzeitig in der Balance zu halten. Wichtig: Das Fahrzeug auf jeden Fall bis zum vollständigen Stillstand abbremsen! Wer meint, bei Tempo 30 gewonnen zu haben, hat schon wieder verloren. Selbst auf den letzten Metern kann das Auto noch ausbrechen.

die Geschwindigkeit, desto gefühlvoller müssen die Lenkreaktionen ausfallen.

Zweitens: Das Auto zieht immer auf jene Seite, auf der der Reifen geplatzt ist. Diese Tendenz müssen Sie mit der Lenkung ausgleichen. Die Vorderräder müssen dazu immer in die gewünschte Fahrtrichtung zeigen.

Drittens: Die Hinterachse ist für die Fahrstabilität zuständig. Entsprechend ist ein Reifenplatzer an einem der Hinterräder kritischer als an einem Vorderrad.

Viertens: Ist das Fahrzeug mit einem Stabilitätsprogramm ausgerüstet, hilft dieses System aktiv bei der Stabilisierung nach einem Reifenplatzer.

Und zu guter Letzt: Sollte das Fahrzeug nach einem Reifenschaden außer Kontrolle und ins Schleudern geraten, dann macht es einen Unterschied, ob man mit Tempo 40 oder Tempo 100 abfliegt. In diesem Fall also: Rein in die Eisen und so viel Geschwindigkeit abbauen wie möglich.

Sprit sparend fahren

Sportlich zügig Auto zu fahren, macht zweifelsohne Spaß. Doch der oft allzu beherzte Tritt aufs Gaspedal kostet eindeutig Spritgeld: Die Preiszeile an den Zapfsäulen zeigt bei fast jedem Besuch in schöner Regelmäßigkeit neue, höhere Zahlen. Können wir als Autofahrer denn aktiv gar nichts dagegen tun?

Eindeutige Antwort: Doch! Der Preisgestaltung der Ölkonzerne stehen wir als einzelner Autofahrer zwar recht hilflos gegenüber. Aber den Kraftstoffverbrauch unseres Fahrzeugs können wir massiv beeinflussen – und zwar in Richtung einer deutlichen Ersparnis. Was nun nicht bedeuten soll, dass Sie sich als rollendes Verkehrshindernis aufbauen müssen und sämtliche Tempolimits unterschreiten sollen. Denn schon mit wenigen Maßnahmen

Die entscheidenden Faktoren

Erstens: Je höher die Geschwindigkeit, desto gravierender sind die Auswirkungen eines Reifenplatzers. Das kann sich zwar jeder vorstellen, doch gerade hohes Tempo fordert in diesem Fall die Disziplin des Fahrers: Je größer

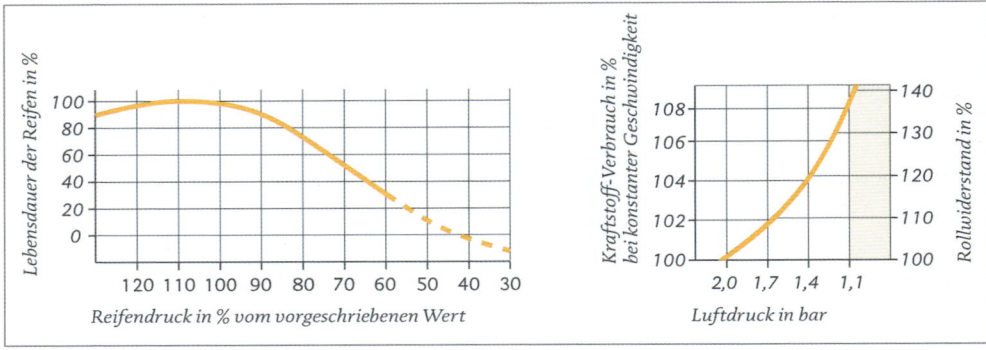

Ein korrekter Luftdruck reduziert den Rollwiderstand, senkt den Spritverbrauch und erhöht die Lebensdauer der Reifen.

lässt sich viel Sprit sparen. Die einfache Formel dazu heißt: im normalgeschwindigen Fahralltag bewusst mit Gaspedal, Schaltung und Bremse umgehen. Alle kleinen Tipps zusammengenommen, können Sie bis zu 25 Prozent Sprit sparen!

Kavalierstart ist tabu

1. Sprit sparen können Sie schon vor dem eigentlichen Start: Im Kapitel „Technik-Check" haben wir bereits den korrekten Luftdruck der Reifen besprochen. Ein Blick in die Betriebsanleitung hilft dabei: Es ist wichtig, den je nach Beladung vorgeschriebenen Wert einzuhalten. Ein Quäntchen mehr ist dabei besser als eines zu wenig. Der Vater des Gedankens: Sie reduzieren damit den Rollwiderstand und können den Verbrauch so bereits um bis zu 0,5 Liter auf 100 Kilometer senken. Fazit: Kleine Ursache, große Wirkung.

2. Nächster Sparschritt: Kein Grand-Prix-Start! Einfach normal anfahren, frühzeitig in den zweiten Gang wechseln, das Gaspedal nur zu Dreivierteln durchtreten und abhängig vom Verkehrsfluss weiter zügig hochschalten. Dabei immer schön im mittleren Tourenbereich bleiben: Hohe Drehzahlen bedeuten nicht nur mehr Verbrauch, sondern auch höhe-

ren Verschleiß aller mechanischen Komponenten. Gleiches gilt für zu geringe Drehzahlen: Ruckelt der Motor, sollten Sie zurückschalten.

3. Schalten Sie den (warmen!) Motor bei einem Stopp aus, wenn der voraussichtlich länger als 20 Sekunden dauert – beispielsweise vor einer roten Ampel, an einer geschlossenen Bahnschranke (hier sogar laut StVO vorgeschrieben!) oder im Stau. Denn allein drei Minuten Leerlauf kosten etwa genauso viel Kraftstoff wie ein Kilometer Distanz mit Tempo 50. Das gilt nicht für einen noch kalten Motor! Also das Triebwerk erst mal auf Betriebstemperatur kommen lassen!

Wer dezent Gas gibt, muss seltener tanken.

4. Vorausschauend und gleichmäßig fahren, unnötiges Bremsen vermeiden (das kostet nur Schwung, und anschließend muss man wieder beschleunigen). Das gelingt am besten, wenn man – wie bereits im Kapitel „Sicher fahren" beschrieben – ausreichend Abstand zum Vordermann hält und die Aktionen der Fahrzeuge vor ihm im Blick hat. So kann man sein Beschleunigungs- und Bremsverhalten dem Verkehrsfluss entsprechend anpassen.

Weitere Spartipps
• Vermeiden Sie Kurzstreckenfahrten.
• Bilden Sie Fahrgemeinschaften.
• Lassen Sie Ihr Auto regelmäßig warten (Abstimmung Motor, Elektronik, Abgassystem).
• Schleppen Sie keinen unnötigen Ballast im Kofferraum mit (Faustregel: 100 Kilo = 0,2 bis 0,6 Liter Mehrverbrauch auf 100 km).
• Fahren Sie keine Dachträger, Fahrradständer oder Skiboxen spazieren. Sie treiben den Spritverbrauch um 10 bis 50 Prozent in die Höhe. Bei montiertem Equipment gilt: Nicht schneller als 130 km/h fahren!

Diese Spritspartipps schonen die Umwelt und Ihren Geldbeutel

• Richtiger Reifendruck
• Mit wenig Gas losfahren
• Rasch hochschalten
• Gleichmäßige Geschwindigkeit mit mittlerer bis niedriger Drehzahl halten
• Vorausschauend fahren
• Möglichst wenig bremsen

• Sogenannte Leichtlauföle können den Verbrauch um bis zu sechs Prozent senken – vor allem in der Stadt und auf Kurzstrecken.

Spritfresser
• Klimaanlagen (0,3 bis 0,7 Liter pro Stunde)
• Standheizungen (0,25 Liter pro Stunde)
• offene Fenster und Schiebedächer (0,13 bis 0,25 Liter pro 100 km)
• elektrische Verbraucher (Sitzheizung, Hifi-Anlage etc.)

Die etwas andere Art von Fahrerlehrgang: Beim Spritspar-Training lernt man den bewussten Umgang mit dem Gaspedal.

Witterungs-
einflüsse

Der schöne Schein trügt: Im Winter ist das Unfallrisiko sechsmal so hoch wie im Sommer.

Sicher durch den Winter

In den Wintermonaten ist das Unfallrisiko sechsmal so hoch wie im Sommer, sagt die Statistik. Doch dieses Wissen allein hilft uns auch nicht weiter, schließlich können es sich nicht alle leisten, morgens ihr Auto einfach in der Garage stehen zu lassen.

Umso wichtiger ist es also, die Gefahren zu kennen, die zu dieser Jahreszeit auf uns lauern, und zu wissen, wie wir sie entschärfen können.

Die vier Hauptursachen für das im Winter erhöhte Unfallrisiko sind:

• eine den Witterungs- und den Streckenverhältnissen unangepasste Geschwindigkeit
• beschränkte Sicht durch vereiste Scheiben
• zu geringer Sicherheitsabstand
• falsche Bereifung

Da staunt der Laie, und der Fachmann wundert sich, sagt der Volksmund zu Recht. Schließlich sind diese typischen Hauptursachen für Winterunfälle im Grunde genommen Banali-

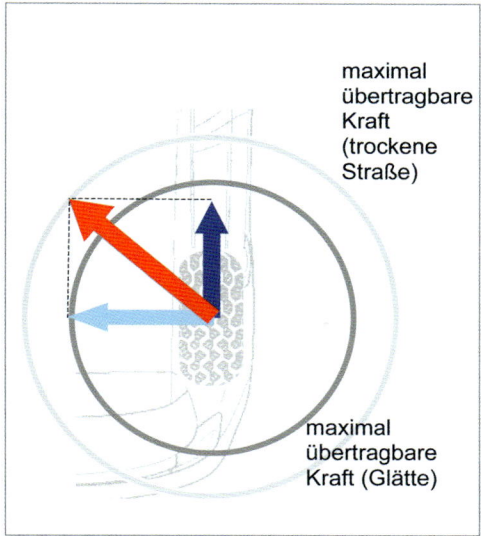

Die vom Rad übertragbaren Kräfte sind auf trockener Straße deutlich höher als bei Glätte. Der Grund dafür: Der Reibbeiwert (also der Grip) ist auf trockenem Asphalt zehnmal
höher als auf Eis.

täten und sollten für jeden vernünftigen Autofahrer vermeidbar sein. Könnte man zumindest auf den ersten Blick meinen. Doch der
Teufel steckt wieder mal im Detail.

Straße glatt – Tempo runter

Ein Wintermärchen: Frau Holle hat über Nacht
ihre Betten ausgeschüttelt und die Landschaft
in traumhaftes Weiß gehüllt. Der Horror

beginnt: Die morgendliche Fahrt zur Arbeit
erfolgt im Kriechtempo, wenn sie nicht gleich
im Stau endet. Und da soll noch mal einer
sagen, eine unangepasste Geschwindigkeit sei
eine der Haupt-Unfallursachen …

Wenn Schnee auf der Fahrbahn liegt, ist die
Situation vollkommen klar. Alle wissen, jetzt
ist es glatt, und fahren entsprechend langsam.
Doch dieses „langsam" interpretiert jeder
Fahrer ein bisschen anders. Eben sehr persön-
lich: Während der eine (vielleicht noch mit
Sommerreifen) im Schritttempo dahin-
schleicht und mit beschlagenen Scheiben
kämpft (weil sein Motor noch nicht warm und
die Heizung weitgehend wirkungslos ist),
könnte sein Hintermann locker doppelt oder
dreimal so schnell fahren – und würde dies
immer noch als angemessene Geschwindigkeit empfinden. Schon haben wir das Problem:
Irgendwann hat der Zweite in der Kolonne die
Nase gestrichen voll von dem Gezuckle des
Kriechers und setzt zum Überholen an.

Anschauliches Beispiel: Nur eine völlig von Schnee und Eis befreite Scheibe erlaubt den nötigen Durchblick.

Mit Wut im Bauch und der trügerischen Sicherheit im Hinterkopf, dank der elektronischen Hilfe von Stabilitätsprogramm und ABS könne ihm ja nichts passieren, gibt er Gas – und fliegt in der nächsten Kurve in den Graben. Warum? Weil keine Elektronik der Welt die Physik außer Kraft setzen kann! Der Grip (physikalisch korrekter: der Reibbeiwert) ist auf trockenem Asphalt zehnmal so groß wie auf Eis. Im konkreten Fall der vereisten Fahrbahn bedeutet das: Der Überholvorgang dauert dramatisch lange, weil die Räder mangels Grip kaum Vortrieb auf die Straße bringen. Dafür ist der Bremsweg im schlimmsten Fall – also auf Eis – zehnmal so lange wie auf trockener Fahrbahn. Die maximal fahrbahre Kurvengeschwindigkeit beträgt nur ein Zehntel dessen, was im Normalfall möglich ist. Und kommen alle diese Faktoren zusammen, addieren sie sich zu einer „den Witterungs-

und Streckenverhältnissen unangepassten Geschwindigkeit" – so schnell kann's gehen.

Doch die Winterzeit hält noch weitere tückische Gefahrenquellen für uns Autofahrer bereit. Auch wenn die Straße trocken ist und die Temperaturen über dem Gefrierpunkt liegen, können speziell auf Brücken oder in schattigen Ecken überraschend vereiste Stellen auftreten oder Schneereste auf der Fahrbahn liegen. Damit muss man stets rechnen und entsprechend vorausschauend fahren (siehe auch Seite 67 ff.: „Straßenzustand und Witterung" im Kapitel „Gefahrensituationen im Vorfeld erkennen").

Schlechte Sicht – schlechte Fahrt

Glücklich, wer im Winter eine Garage hat, die ihm das morgendliche Freikratzen der Scheiben oder gar das Ausschaufeln des Autos erspart. Alle Laternenparker werden aber nicht um diese Aktion herumkommen. Doch da der Mensch an und für sich ein wenig zur Faulheit neigt, beschränkt er sich bei der Fahrzeugvorbereitung am frühen Wintermorgen gerne aufs Wesentliche. Und riskiert damit nicht nur ein Knöllchen, sondern bringt sich selbst und auch andere Verkehrsteilnehmer völlig unnötig in Gefahr.

Wer in die vereisten Scheiben nur ein Guckloch kratzt, verringert sein Sichtfeld dramatisch. Wie bereits beim Thema „Blickführung" an verschiedenen Stellen angesprochen, muss der Autofahrer stets wissen, was um ihn herum im Straßenverkehr geschieht. Das aber ist nur gewährleistet, wenn alle Scheiben von Eis und Schnee befreit sind. Trotzdem bleibt die Sicht noch beeinträchtigt. Die Heizung braucht im Winter deutlich länger, um auf Temperatur zu kommen – entsprechend lange

Sogar vom Dach muss der Schnee runter, sonst droht auch anderen Verkehrsteilnehmern eine Sichtbehinderung.

Rechts der Winterdienst und links der Lkw: In solchen Situationen muss mit sekundenlangem Blindflug gerechnet werden.

Die Schneeketten-Montage sollte man bereits vor Winterbeginn unter „Optimalbedingungen" geübt haben.

So nicht! Bei winterlichen Straßenbedingungen ist gefühlvolles Gasgeben, Lenken und Bremsen angesagt.

WINTERAUSRÜSTUNG

Nicht nur für Laternenparker:
- Eiskratzer
- Scheibenschwamm
- Besen (zum Abkehren des Schnees)
- Schaufel (wenn der Winterdienst das geparkte Auto im Schnee versenkt hat)
- Handschuhe
- Türschlossenteiser (nicht ins Auto, sondern in die Jackentasche!!)

neigen die Scheiben zum Beschlagen oder zum Vereisen auf der Innenseite. Ein Eiskratzer mit Gummilippe und ein Scheibenschwamm gehören folglich im Winter in die Griffnähe des Fahrers.

Zur guten Sicht gehört – speziell im Winter mit seinen langen Nächten – auch gutes Licht. Entsprechend müssen Scheinwerfer und Rücklichter vor der Fahrt von Schnee und Eis befreit werden. Und wenn man schon dabei ist, sollte man mit einer Hand voll Schnee auch noch die Salz- und Dreckkruste auf den Leuchten abwischen (Handschuhe im Auto?). Nur so strahlen die Scheinwerfer in maximaler Leistung, und nur so sind die Rücklichter hell genug, um von nachfolgenden Verkehrsteilnehmern rechtzeitig erkannt zu werden.

Zusätzlich muss vor Fahrtbeginn auch die Schneehaube vom Auto komplett entfernt werden, denn auch sie schränkt die Sicht ein. Wer schon mal das Schneegestöber auf seine Scheiben bekommen hat, das der Fahrtwind von einem vorausfahrenden eingeschneiten Auto herunterbläst, kennt die Unannehmlichkeiten eines kurzen „Blindflugs". Und darüber hinaus besteht die Gefahr, dass beim Bremsen eine „Lawine" vom eigenen Autodach über die Frontscheibe rutscht. In diesem Moment reduziert sich die Sicht auf null, und auch der Scheibenwischer ist dieser Schneemenge nicht sofort gewachsen.

Wer bereits vor einer Bergaufpassage den geeigneten Gang einlegt, kommt ohne Zugkraftunterbrechung oben an.

Apropos Scheibenwischer: Wenn diese zu schmieren oder rubbeln beginnen, müssen die Wischergummis zügigst ausgetauscht werden. Allerdings gibt es einige Methoden, deren Lebensdauer zu verlängern: Nie die festgeforenen Scheibenwischer einschalten – das beschädigt sie. Die gleiche zerstörerische Wirkung erzielt, wer den Wischer über die vereiste Scheibe schmirgeln lässt. Und letztendlich: Nur vom Eis befreite Scheibenwischer reinigen auf ganzer Fläche. Tipp: Die Wischer

IM WINTER SICHER ANKOMMEN
- Größeren Sicherheitsabstand halten
- Den besten Grip suchen
- „Weich" fahren: gefühlvoll Gas geben, lenken und bremsen
- Bereits vor Bergaufpassagen den richtigen Gang einlegen
- Bergab die Motorbremswirkung nutzen

Durch die Verzahnung der Reifen mit dem Schnee erfolgt die Kraftübertragung zwischen Auto und Straße.

Der Grip entscheidet über die Linie: Immer die Spur suchen, auf der die Straße am wenigsten glatt ist.

beim Parken hochklappen, dann gefrieren sie nicht auf der Scheibe fest.

Insgesamt kann vor der winterlichen Fahrt also eine Menge Arbeit auf den Fahrer warten. Die beschriebenen Aktionen nur halbherzig durchzuführen, ist dabei die denkbar schlechteste Lösung. Vernünftiger ist es, den Arbeitsaufwand auf ein Minimum zu reduzieren, indem man sich eine optimal zusammengestellte Winterausrüstung rechtzeitig – also schon im Spätherbst – ins Auto legt.

Sicher mit Abstand

Glatte Straßen und schlechte Sichtverhältnisse erfordern im Winter einen besonders großen Sicherheitsabstand – der bis zu dreimal so groß sein sollte wie auf trockener Fahrbahn. Sie erinnern sich noch an die Faustregel: Die Sekunden zählen, bis man einen markanten Punkt am Straßenrand nach dem Vordermann erreicht (siehe „Sicherheitsabstand", Seite 73).

Im Gebirge gar nicht so selten: Schneekettenpflicht bei winterlichen Straßenverhältnissen

und dem Reifen. Entsprechend sind wir immer dann auf der Ideallinie, wenn wir uns auf jenem Bereich der Straße bewegen, die uns die bestmögliche Traktion bietet.

Das kann auf einer Schneefahrbahn die bereits von den vorausfahrenden Fahrzeugen freigefahrene Spur sein, auf der es nur noch nass oder matschig ist. Es kann aber auch genau das Gegenteil eintreten: Wenn in dieser „freigefahrenenen" Spur das Wasser oder der Matsch wieder zu Eis gefroren ist. Nun weist die geschlossene Schneedecke den höheren Reibbeiwert auf. Diese Verhältnisse muss man allerdings „er-fahren", sprich: einfach ausprobieren – natürlich nur dann, wenn dies gefahrlos möglich ist.

Allgemein gültige Regel bei winterlichen Straßenbedingungen ist es allerdings, alle fahrerischen Aktivitäten „weicher" auszuführen. Also: Sanft Gas geben, gefühlvoll lenken

Sollte diese Zeitspanne auf trockener Fahrbahn mindestens zwei Sekunden betragen, sind im Winter – je nach Straßen- und Witterungsverhältnissen – bis zu sechs Sekunden Mindestabstand einzuhalten.

Doch nicht nur ein ausreichender Abstand zum Vordermann erhöht die Sicherheit. Auch wir als Fahrer können ganz wesentlich dazu beitragen. Das Hauptproblem winterlicher Straßen ist – wie wir inzwischen ja wissen – der geringere Reibwert zwischen Schnee/Eis

Verzahnung

Mikroverzahnung

Gummimischung

MERKMALE VON WINTERREIFEN
- M+S- oder M/S-Kennzeichnung auf der Reifenflanke
- Zusätzlich das Schneeflockensymbol auf der Reifenflanke
- Lamellenprofil

Winterreifen sind Pflicht …

… das schreibt zwar nur der österreichische Gesetzgeber für die Zeit vom 1. November bis 15. April ausdrücklich vor. Doch sinngemäß gilt Gleiches auch für Deutschland. Hier fordert der Paragraph 2, Absatz 3a der Straßenverkehrsordnung eine „den Wetterverhältnissen

und behutsam bremsen – so hält das Auto am sichersten seinen Kurs. Zur Sicherheit trägt auch im Winter wieder einmal das vorausschauende Fahren bei. Wer vor einer Steigung bereits den geeigneten Gang einlegt und etwas Schwung holt, kommt ohne zu schalten – und damit auch ohne Zugkraftunterbrechung – oben an.

Wer schon zu Beginn einer Gefällstrecke entsprechend herunterschaltet, der kann die Motorbremswirkung voll ausnutzen, wird so nicht zu schnell und muss weniger mit der Bremse arbeiten – was wiederum die Spurtreue des Autos erhöht.

WINTERREIFEN-FIBEL
- Winterreifen sind bei winterlichen Straßenverhältnissen vorgeschrieben.
- Bei Zuwiderhandlungen droht Bußgeld.
- Winterreifen sind Sommerreifen ab Temperaturen unter +7 Grad überlegen.
- Unter vier Millimetern Profiltiefe nimmt der Grip ab.
- Viele Infos zum Thema gibt es bei der „Initiative Pro Winterreifen" des „Deutschen Verkehrssicherheitsrates" unter www.pro-winterreifen.de.

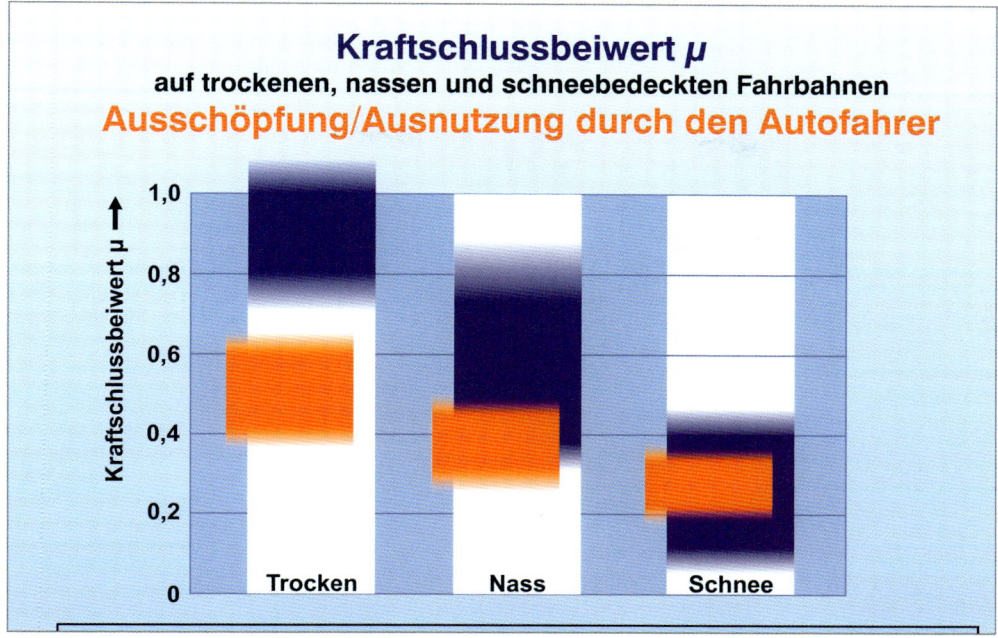

Kraftschlussbeiwert μ

auf trockenen, nassen und schneebedeckten Fahrbahnen

Ausschöpfung/Ausnutzung durch den Autofahrer

Auf trockener Fahrbahn nutzt der Autofahrer nur einen Bruchteil des möglichen Kraftschlussbeiwerts (links). Auf nasser Fahrbahn kommt er gelegentlich bereits an die Rutschgrenze (Mitte), und auf schneebedeckter Fahrbahn bewegt er sich sogar sehr häufig im Grenzbereich (rechts).

angepasste Bereifung". Wer also auf Winterreifen verzichtet, muss bei winterlichen Straßenverhältnissen sein Auto in der Garage lassen. Zuwiderhandlungen werden derzeit mit einem Bußgeld von 20 Euro geahndet; bei Behinderung oder Unfall sind 40 Euro fällig, und einen Punkt im zentralen Verkehrstrafenregister in Flensburg gibt es zusätzlich.

Äußerlich ist ein Winterreifen an seinem Lamellenprofil, der M+S-Kennzeichnung und bei Markenreifen zusätzlich am Schneeflockensymbol zu erkennen. Lamellen sind dabei bis zu 2.000 kleine Einschnitte im Profil, die sich mit der Fahrbahn verzahnen und damit eine deutlich höhere Haftung auf glatten Fahrbahnen erzielen.

Darüber hinaus setzen die Reifenhersteller für Winterreifen eine den niedrigen Temperaturen angepasste Laufflächenmischung ein. Ihr Naturkautschukanteil ist besonders hoch,

Durch ihr Lamellenprofil und die spezielle Gummimischung sorgen Winterreifen für ein Plus an Sicherheit.

119

Auf nasser Fahrbahn wechseln die Reifen früh vom Bereich der Haft- in den der Gleitreibung. Also: Runter vom Gas.

und so bleibt der Gummi auch bei Minustemperaturen geschmeidig. Als Faustregel kann man sich deshalb merken: Winterreifen sind von Oktober bis Ostern die erste Wahl. Die Gummimischung eines Sommerreifens verhärtet nämlich schon bei niedrigen Temperaturen, sodass Winterreifen in ihren Eigenschaften den Sommerreifen bereits bei Temperaturen unter +7 Grad überlegen sind.

Die Sicherheitsprofiltiefe für Winterreifen beträgt vier Millimeter – auch wenn der Gesetzgeber nur 1,6 Millimeter Mindestprofil vorschreibt. Vor allem auf Schnee und Schneematsch ist bei abgefahrenen Reifen der Grip

Regenzeit

Regen kann uns Autofahrern eigentlich nichts anhaben. Die Karosserie schützt uns vor Nässe, die Heizung lässt uns im wohlig Warmen sitzen und hält die Scheiben beschlagfrei. Wischer und Scheinwerfer bringen Durchblick, und die Soundanlage sorgt für Kurzweil.

Viel schlimmer als der Regen selbst sind aber seine Auswirkungen. Die Straßen werden schmierig, Aquaplaning droht, die Gischt anderer Fahrzeuge lässt uns im Trüben stochern. Bricht dann auch noch die Nacht herein, spiegelt sich das Scheinwerferlicht blendend auf dem glänzenden Asphalt. Wer jetzt auf abgenutzte Scheibenwischer oder vom Schmutz der letzten Monate getrübte Scheinwerfer angewiesen ist, riskiert schon einen gefährlichen Blindflug. Und wer auch noch seine Brille zu Hause vergessen hat, kann gleich den nächsten Parkplatz ansteuern.

Wasser senkt den Grip

Sobald der Fahrbahnbelag nass wird, wechseln die Reifen früher vom Bereich der Haft- in den der Gleitreibung. Auf gut Deutsch gesagt: Beim Beschleunigen drehen die Räder leichter durch, beim Bremsen blockieren sie früher und in Kurven bauen sie weniger Seitenführungskräfte auf. Ergo heißen die zwei wesentlichen Maßnahmen: Runter mit dem Tempo und rauf mit dem Sicherheitsabstand.

Doch nicht nur das Wasser selbst macht die Fahrbahn glitschig. Vor allem, wenn leichter Regen einsetzt, kann die Straße besonders rutschig werden. Verantwortlich dafür ist der Schmutz auf dem Belag, der sich durch das Regenwasser in einen Schmierfilm verwandelt. Je länger und stärker es regnet, umso sauberer wird die Straße – also heißt es, bei beginnendem Regen besonders vorsichtig fahren!

nicht mehr gegeben, weil die Lamellen in den Profilblöcken keine ausreichende Tiefe mehr haben und sich nicht mehr effektiv mit dem Untergrund verzahnen können. Die Folgen: Der Bremsweg verlängert sich, das Anfahren wird schwieriger und die übertragbaren Seitenführungskräfte nehmen ab.

BMW Fahrer-Training
Training

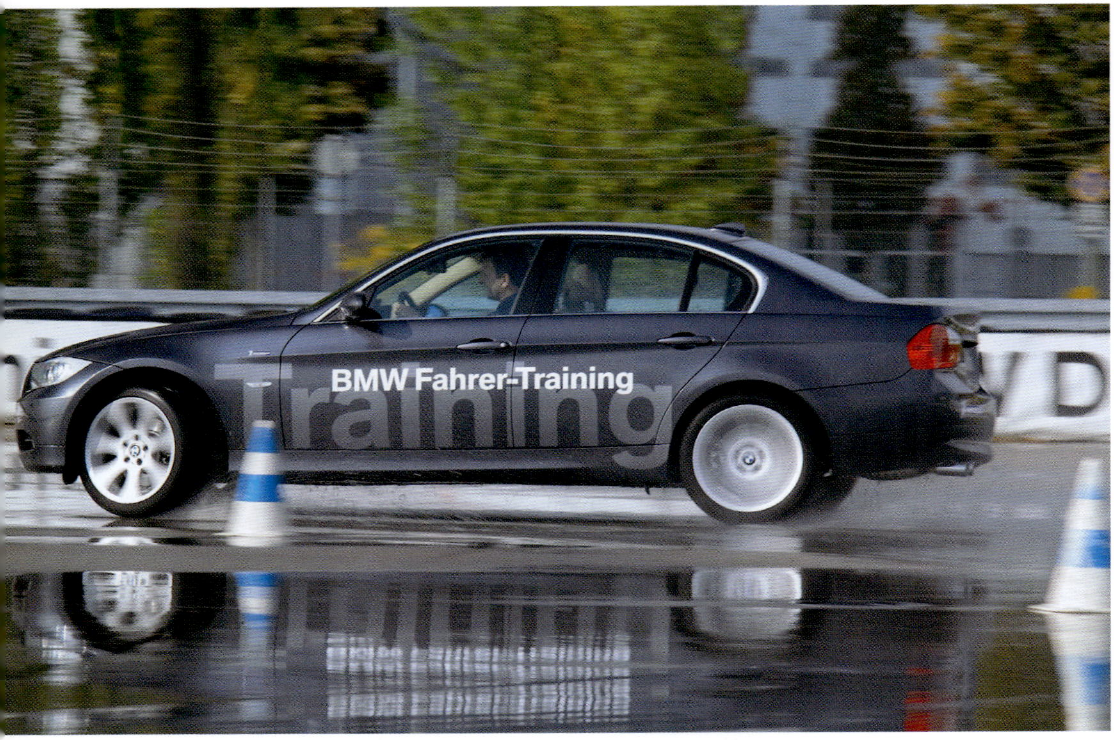

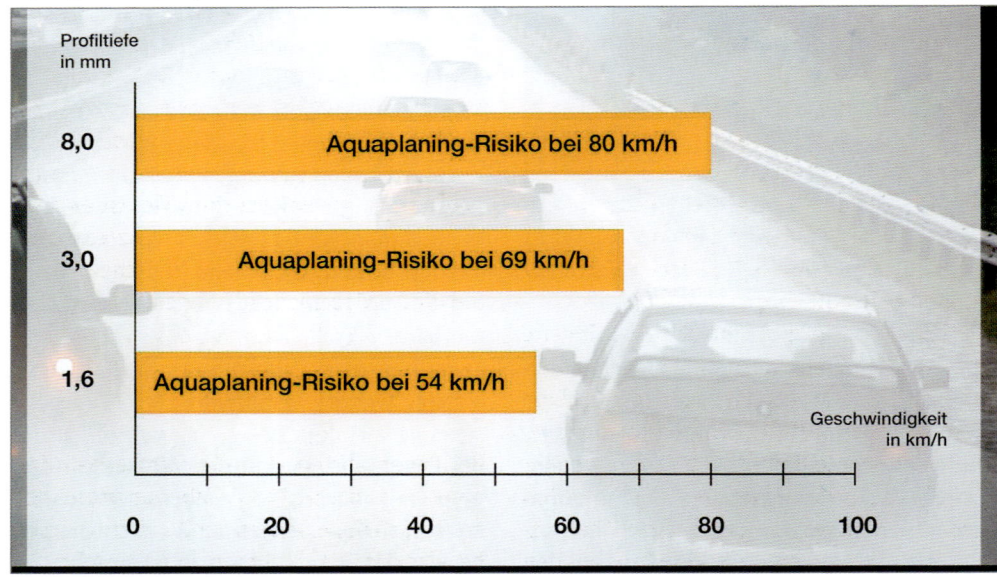

Bei Aquaplaning reduzieren sich die vom Reifen auf die Straße übertragbaren Kräfte in Richtung null.

Je geringer die Profiltiefe, desto geringer auch die Geschwindigkeit, bei der bereits Aquaplaninggefahr droht.

Profiltiefe
in mm
8,0
Aquaplaning-Risiko bei 80 km/h
3,0
Aquaplaning-Risiko bei 69 km/h
1,6
Aquaplaning-Risiko bei 54 km/h
Geschwindigkeit
in km/h
0
20
40
60
80
100

Regenfahrten bedeuten immer auch schlechte Sichtverhältnisse. Deshalb: Runter vom Gas – rauf mit dem Abstand.

Wenn es dann so richtig schüttet, ist die Straße zwar blank gespült, doch nun kann das Wasser oft nicht schnell genug abfließen.

Es kommt noch schlimmer: Aquaplaning

Die Konsequenz nicht abfließenden Regenwassers: Aquaplaning tritt auf. Dabei beginnt der Reifen auf dem Wasser (wie ein Boot) aufzuschwimmen; er verliert dadurch den Kontakt zur Fahrbahn und die Kräfte, die er auf die Straße übertragen kann, reduzieren sich Richtung null. Die gleiche Gefahr lauert übrigens auch, wenn Wasser in Bächen quer über die Fahrbahn läuft.

Um die Aquaplaninggefahr zu verringern, ist wieder einmal vorausschauendes Fahren angesagt. Der Merksatz dazu lautet: „Eine matte Fahrbahn ist meist griffiger als eine glänzende." Außerdem staut sich in Fahrbahnvertiefungen wie Spurrillen und Mulden besonders viel Wasser; dort ist die Aquaplaninggefahr besonders groß. Also: Raus aus den Spurrillen und noch weiter runter mit dem Tempo, wenn man sieht, dass sich vor einem in der Mulde Wasser angesammelt hat. Ein sicheres Indiz dafür ist es, wenn ein vorausfahrendes Auto auf einmal besonders viel Spritzwasser aufwirbelt.

Und wenn es dann doch einmal passiert, dass das Auto aufschwimmt, die Lenkung leicht wird und das „Popometer" Alarmstufe Rot signalisiert? Dann passiert erst mal gar nichts – vorausgesetzt man fährt einfach geradeaus weiter, ohne zu lenken, zu bremsen oder Gas zu geben. Viel sinnvoller ist es allerdings, zusätzlich blitzschnell auszukuppeln, um keine weiteren fahrdynamischen Kräfte auf die Antriebsräder zu bringen.

Viel Wasser – wenig Sicht

Bei Regenfahrten sind die Sichtverhältnisse generell schlecht. Die Wischer überstreichen schließlich nur einen Teil der Windschutzscheibe, was das Sichtfeld nach vorne einschränkt.

Der Blick zur Seite sowie nach hinten wird durch die regennassen Scheiben beeinträchtigt, und die Außenspiegel sind von kleinsten Wassertropfen getrübt.

Zusätzlich wirbelt jedes Auto eine Gischtfontäne auf – die Meister in dieser Disziplin sind die Lastwagen. Und so lautet denn die erste Regel: Abstand halten, um aus dem Sprühnebel des Vordermanns herauszugelangen. Kommt einem auf der Landstraße im Regen ein Fahrzeug entgegen, kann man sich (speziell bei einem Lkw) darauf einstellen, einige Sekunden im Blindflug dahin zu fahren. Also: Runter mit dem Tempo, Scheibenwischer einschalten und den Blick nach vorne richten, denn – Sie erinnern sich: Man fährt dahin, wohin man sieht.

Mit einer besonders dichten und lang anhaltenden Gischtwolke muss man beim Überholen von Lkw-Kolonnen auf der Autobahn rechnen. Auch hier gilt: Möglichst schnell raus aus dem Sprühwassernebel – also zügig überholen, und nicht länger als nötig neben den Brummis herfahren. Und noch eine Empfehlung sei Ihnen ans Herz gelegt: Bei solchen Witterungsbedingungen sollte man es sich zweimal überlegen, ob man in Autobahnbaustellen (mit ihrer verengten linken Spur) einen Laster überholt. Dahinter bleiben und mit dem Vorbeifahren bis zum Baustellenende warten, ist hier unter dem Sicherheitsaspekt in aller Regel die klügere Entscheidung.

Nebel – Blindflug

Es hilft alles nichts: Wenn die Nebelsuppe zu dick wird und die Sichtweite kaum mehr über die Motorhaube hinausreicht, bleibt nur eine Alternative: Anhalten und abwarten. Doch glücklicherweise ist so dichter Nebel selten, meist kann man – die nötige Vor- und Umsicht vorausgesetzt – weiterfahren.

Die wesentlichen Gefahrenelemente bei Nebelfahrten sind die fehlenden Orientie-

Fehlende Orientierungspunkte machen es im Nebel schwer, Tempo und Abstand zum Vordermann einzuschätzen.

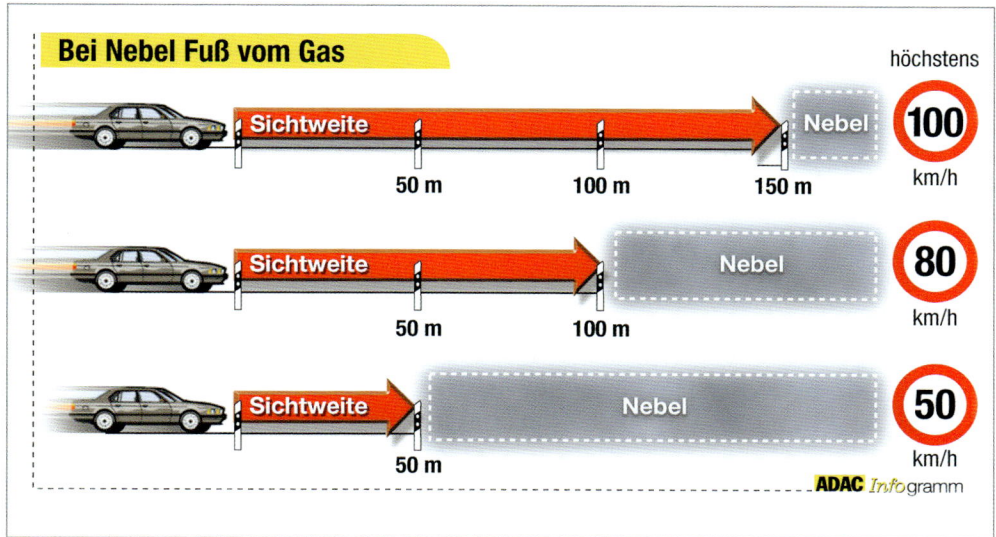

Maximales Tempo im Nebel: Das Anhalten des Fahrzeugs muss im Bereich der halben Sichtweite möglich sein.

rungspunkte. So fällt es den meisten Autofahrern schwer, die eigene Geschwindigkeit oder den Abstand zum Vordermann in gewohnter Weise einzuschätzen. Hilfreich ist es, sich einen Ersatz für die fehlenden Orientierungspunkte zu suchen. Straßenbegrenzungspfosten helfen Abstand, Entfernung und Sichtweite zu beurteilen – die seitlichen Straßenbegrenzungslinien und der Mittelstreifen geben klar Auskunft über den Verlauf der Straße und der eigenen Spur.

Die gefahrene Geschwindigkeit muss – gemäß der allgemeinen Straßenverkehrsordnung – ebenso wie bei normalen Sichtverhältnissen auch im Nebel so gewählt werden, dass man sein Auto im Bereich der halben Sichtweite zum Stillstand bringen kann. Reicht die Sicht also 50 Meter weit, muss man innerhalb von 25 Metern zum Stehen kommen. Das entspricht in etwa dem Anhalteweg aus Tempo 50 – die unter diesen Sichtbedingungen maximal erlaubte Geschwindigkeit.

Und erst bei weniger als 50 Metern Sichtweite darf man laut Gesetz die Nebelschlussleuchte einschalten – ansonsten blendet sie

nur die nachfolgenden Verkehrsteilnehmer. Dass die (Nebel-)Scheinwerfer eingeschaltet sind und mit ausreichendem Sicherheitsabstand gefahren wird, versteht sich ohnehin.

Tückische Nebelfallen

Obwohl der Nebel die schlimmste aller Sichtbehinderungen ist, gibt es sogar noch eine Steigerung: Nebelbänke, die wie aus dem Nichts urplötzlich und völlig unerwartet vor einem auftauchen. Und man kann sicher sein: Bei einer Nebelbank wird es nicht bleiben – weitere werden folgen, selbst wenn zwischenzeitlich die Sonne strahlt und der Albtraum vorbei zu sein scheint.

Ein Indiz, dass da tückische Sichtbehinderungen auf Sie lauern, sind entgegenkommende Fahrzeuge mit eingeschalteten Nebelscheinwerfern bei strahlendem Sonnenschein. Dann heißt es: Tempo reduzieren und wieder mal den Sicherheitsabstand erhöhen – speziell vor windgeschützten Senken, in denen sich der Nebel besonders hartnäckig hält.

Perfektes fahren lernen

Richtig fahren lernen – wer, wo, was?

Grau ist alle Theorie, sagt der Volksmund. Ein wahres Wort – vor allem, wenn es um solch praxisorientierte Ziele geht wie „das Auto perfekt zu beherrschen". Die theoretischen Grundlagen dazu haben Sie mit der Lektüre dieses Buchs erhalten. Nun sollten Sie diese im täglichen Straßenverkehr in die Praxis umsetzen. Denn „Erfahrung" kommt von „fahren", sprich „üben". Und um noch eine weitere Binsenweisheit zu strapazieren: „Übung macht den Meister." Will man allerdings intensiv und vor allem mit einem Sicherheitspolster üben, ist der Straßenverkehr die denkbar ungeeignete Plattform: Die Gefahr, bei der „Übung" sich und vor allem andere zu

gefährden, ist schlicht zu groß. Wer öffentlich trainiert, handelt grob fahrlässig.

Dazu empfehlen wir Ihnen ein Fahrsicherheitstraining zu absolvieren. Hier können Sie unter Anleitung professioneller Instruktoren Ihre Grundlagenkenntnisse weiter ausbauen und mit einem Sicherheitspolster gefahrlos lernen, Ihr Auto noch perfekter zu beherrschen, indem Sie auf einem abgesperrten Parcours oder einer Rennstrecke bis an die fahrphysikalischen und Ihre eigenen Grenzen stoßen. Und Sie sogar überschreiten. Denn wer den Grenzbereich im wahrsten Wortsinn erfahren hat und kennt, kann sich auch im täglichen Straßenverkehr besser auf Gefahrensituationen einstellen sowie in Extremsituationen schnell und richtig reagieren.

Pkw-Fahrsicherheitstrainings werden von Automobilclubs, vielen Fahrzeugherstellern/-importeuren und Institutionen angeboten. Die Programme sind vielfältig gestaltet und umfassen in der Regel ein Einsteiger-, ein Aufbau- und ein Intensivtraining für Anfänger bis Fortgeschrittene. Zusätzlich werden oft spezielle Übungspakete wie Eco-Training („Sprit sparen"), Wintertraining, Sportfahrertraining oder Gemeinschaftskurse für Frauen angeboten.

Auf den nachfolgenden Seiten haben wir Ihnen eine Übersicht der wichtigsten Anbieter von Fahrsicherheitstrainings zusammengestellt – einen Anspruch auf Vollständigkeit erhebt diese Adressenliste jedoch nicht. Sie stellt auch keine qualitative Auswahl dar.

Der ADAC bietet unter anderem auch spezielle Fahrtrainings für Frauen an.

Bei BMW steht auch ein Rennstreckentraining auf dem Programm.

Adressen

ADAC Sicherheitstraining
Am Westpark 8
81373 München
Info-Tel. 01805-12 10 12
www.adac.de/sicherheitstraining/pkw

AvD Sicherheitstraining
Lyoner Str. 16
60528 Frankfurt/M.
Tel. 069-660 62 67
www.avd.de (Rubrik: Service)

Audi driving experience
85045 Ingolstadt
Tel. 0841-893 29 00
www.audi.de (Rubrik: Erlebniswelt)

BMW Fahrer-Training
80788 München
Info-Tel. 01805-32 47 37
Montag–Freitag von 8:00–18:00 Uhr
www.bmw.de/fahrertraining

Ford Ecodriving
Henry-Ford-Str. 1
50725 Köln
Tel. 0221-900
www.ford-eco-driving.de

Jaguar Fahrertraining
Postfach
60616 Frankfurt
Info-Tel. 01805-57 57
www.jaguar.de

Ein Element fast aller Fahrtrainings ist die Anweisung der Teilnehmer per Funk.

Ebenfalls eine Spezialität im ADAC-Programm: ein Spritspar-Training

Mercedes-Benz Fahrprogramme
Münchener Str. 24
85774 Unterföhring
Tel. 089-950 60 51
www.mercedes-benz.de/fahrprogramme-pkw

Mitsubishi Fahrtraining, drift & drive
Bühler 43
73486 Adelmannsfelden
Info-Tel. 07963-13 72
www.driftanddrive.de

Mini Driver Training
80788 München
Info-Tel. 01805-64 64 37
www.mini.de/drivertraining

Nissan Fahrertraining, Drive & Fun
Wulfertshauser Str. 27
86316 Friedberg
Tel. 0821-419 00 80
www.nissan.de/home/inside-nissan/events

Opel Fahrsicherheitstrainings
(nur Flottenkunden)
Friedrich-Lutzmann-Ring
65423 Rüsselsheim
Tel. 06142-770
www.opel.de

Porsche Sport Driving School
Porscheplatz 1
70435 Stuttgart
Tel. 0711-911 78 68 83
www.porsche.de/sportdrivingschool

Saab Performance Drive
Friedrich-Lutzmann Ring
65423 Rüsselsheim
Info-Tel. 01802-24 95 95
www.saab.de oder www.saab-promotions.de

Skoda-Fahrerlebnisse
Brunnenweg 15
64331 Weiterstadt
Info-Tel. 01805-00 42 36
www.skoda-auto.de

Subaru Erlebniswelt/Fahrertrainings
c/o Hockenheim-Ring ADAC FSZ GmbH
Postfach 1104
68754 Hockenheim
Tel. 06205-29 25 10
www.fsz-hockenheim.de
www.subaru.de (Button Erlebniswelt)

Volkswagen Fahr-/Sicherheitstraining
Berliner Ring 2
38436 Wolfsburg
Info-Tel. 0800-893 83 68
www.volkswagen-driving-experience.de

Volvo Fahrtrainings
c/o Agentur Süss GmbH
Waldstr. 4
63303 Dreieich
Info-Tel. 01803-38 65 86
www.volvocars.de/salesandservices/
maintenance/volvotraining

Weitere Fahrsicherheitstrainings

Verkehrssicherheitszentrum am Sachsenring
Am Sachsenring 2
09353 Oberlungwitz
Info-Tel. 03723-653 30
www.sachsenring.de

Bestandteil eines Fahrsicherheitstrainings: Verhalten bei Aquaplaning

Das Auto perfekt zu beherrschen, lernt man am sichersten unter Anleitung auf einem abgesperrten Parcours.

Deutsche Verkehrswacht e.V.
Alexanderstr. 10
53111 Bonn
Tel. 0228-43 38 00
www.dvw-ev.de

Dekra Akademie
Handwerkstr. 15
70565 Stuttgart
Info-Tel. 01805-33 57 30
www.dekra-akademie.de

Landesverkehrswacht Niedersachsen e.V.
Arndtstr. 19
30167 Hannover
Tel. 0511-35 77 26 80
www.landesverkehrswacht.de

Hallo Frau
Wattmannstr. 40
41564 Kaarst
Tel. 02131-75 85 29
www.hallo-frau.de

Österreich

ÖAMTC Sicherheitstraining
Schubertring 1–3, 1010 Wien
Tel. 0043/ (0) 1-71 19 90
www.oeamtc.at/fahrsicherheit

ARBÖ Fahrsicherheits-Zentren
Mariahilferstr. 180, 1150 Wien
Tel. 0043/ (0) 1- 89 12 10
www.arboe.at/arbfahrsicherheits.html

Fahrwelt Kern
Aufeldstr. 1, 5274 Burgkirchen
Tel. 0043/ (0) 7724-200 18
www.fahrwelt.at

Schweiz

TCS Fahrsicherheitstrainings
Chemin de Blandonnet 4
1214 Vernier
Tel. 0041/ (0) 844-88 81 11
www.tcs.ch

Schlusswort

Besonders der junge Autofahrer findet in diesem Buch wertvolle Ratschläge und Tipps, die ihm helfen, auf kritische Situationen im Straßenverkehr richtig zu reagieren. So werden die in der Fahrschule erworbenen Kenntnisse über das richtige Verhalten im Straßenverkehr auf anschauliche Weise um die Inhalte der Fahrzeugbedienung im Grenzbereich erweitert. Gilt es doch im Fall des Falles nahezu intuitiv und reflexartig zu reagieren, um Unfälle zu vermeiden. Wer die Grundlagen der Fahrphysik kennt und gelernt hat, sein Fahrzeug auch am Limit sicher zu kontrollieren, der ist auch im Stande brenzlige Situationen souverän zu meistern.

Nachdem hier nahezu alle Elemente der Fahrzeugbeherrschung theoretisch erläutert wurden, fehlt zur persönlichen Perfektion noch das Trainieren realistischer Fahrsituationen. Genau hier setzen die von erfahrenen Instruktoren durchgeführten Fahrsicherheitslehrgänge an. Nur wer selber erfahren hat, wie wichtig die Blickführung beim Notspurwechsel oder bei Kurvenfahrten ist, oder wie ein

ausbrechendes Heck wieder eingefangen wird und welchen Einfluss Fahrbahnreibung sowie Geschwindigkeit auf die unterschiedlichsten Fahrmanöver haben, der ist in der Lage blitzschnell die richtige Aktion einzuleiten. Speziell ausgebildete Experten vermitteln in diesen Kursen ihre langjährige Erfahrung ohne dass der Teilnehmer „im Selbstversuch" dafür eventuell schmerzhaftes Lehrgeld zahlen muss.

Ziel eines jeden Fahrer-Trainings ist es, den Fahrer auf die möglichen Gefahren im Straßenverkehr hinzuweisen, für bewusstes und vorausschauendes Fahren zu sensibilisieren und durch souveränes Verhalten der Teilnehmer Unfälle zu vermeiden.

Auch wenn die eingangs dieses Buches beschriebenen modernen Fahrerassistenzsysteme den Umgang mit dem Auto vereinfachen und erheblich sicherer machen, so wird auch in Zukunft der verantwortungsbewusste und gut ausgebildete Fahrer die beste „Sicherheitseinrichtung" an Bord bleiben.

Frank Isenberg, Leiter BMW Group Fahrerlebnis

Register

Alle Abbildungen: BMW Group (inkl. Mini),
mit Ausnahme von:

ADAC: 14, 42 u, 65, 67 o, 73, 75 o, 81,
                    82 u, 106, 107, 112, 113 o,
                    114 o, 117, 125, 130, 132, 133

Continental: 32 o, 39, 45, 114 u, 122 u

Daimler/Mercedes-Benz: 10 u, 29 o,
                    31 u, 35 o, 53, 72

Deutscher Verkehrssicherheitsrat (DVR):
    11, 17, 21 o, 66 u, 69 u, 75 u, 78, 82 o, 113 u, 123

Statistisches Bundesamt: 8

Gesamtverband der
Versicherungswirtschaft (GDV):   9, 68 u, 89 o

Michelin: 15 o, 119 o

Opel: 93 u, 104

Touring Club Schweiz (TCS):   134

Volvo: 10 o,

Volkswagen: 47, 68 o, 77,

WortGetriebe, Redaktionsbüro
Gerstl & Schwartz: 79 u, 102, 103 o, 103 u